Uwe Bergmann

TRAINING

Quadratische Funktionen – Quadratische Gleichungen

9./10. Schuljahr

Beilage: Lösungsheft

Ernst Klett Verlag
Stuttgart Düsseldorf Leipzig

Gedruckt auf Papier, das aus
chlorfrei gebleichtem Zellstoff hergestellt wurde.

Die Deutsche Bibliothek – CIP-Einheitsaufnahme

Ein Titeldatensatz für diese Publikation ist bei
Der Deutschen Bibliothek erhältlich

7. Auflage 2000 A

Internetadresse: http://www.klett-verlag.de/klett-lerntraining
E-Mail: klett-kundenservice@klett-mail.de
Satz: Zechnersche Buchdruckerei, Speyer
Druck: Wilhelm Röck, Weinsberg
Abbildungen: Karola Bergmann, Wolfenbüttel
Innengestaltung: Hitz und Mahn, Stuttgart
Einbandgestaltung: Bayerl & Ost, Frankfurt/M.
ISBN 3-12-922022-4

Inhaltsverzeichnis

Gehörst du zu den Schülern, die gar keine Lust auf Mathe haben?
Du wirst dann nicht glauben wollen, dass Mathe auch Spaß machen kann.

Spaß stellt sich ein, wenn man Erfolg hat. Erfolg kann man in Mathe jedoch nur dann haben, wenn man die mathematischen Zusammenhänge erfasst. Einsicht in diese Zusammenhänge zu erlangen ist gar nicht schwierig. Dieses Trainingsbuch will dir helfen, solche Einsichten zu gewinnen. Dazu gehört allerdings die Bereitschaft, etwas Arbeit zu investieren; denn auch das Trainingsbuch ist kein märchenhafter Nürnberger Trichter, aber eine wirksame Arbeitshilfe.
Quadratische Funktionen und quadratische Gleichungen werden gewöhnlich im 9. Schuljahr behandelt. Sie sind jedoch auch für den Stoff der höheren Klassen notwendig und wichtig – übrigens nicht nur in Mathe, sondern auch in Physik, Biologie und anderen Fächern. Daher ist es erstrebenswert, Sicherheit beim Zeichnen quadratischer Funktionen und beim Lösen quadratischer Gleichungen zu erlangen.
In diesem Trainingsbuch findest du auch einige Aufgaben (oder Kapitel), die mit einem (*) gekennzeichnet sind. Sie gehören nicht zum Grundwissen, du darfst sie also bedenkenlos weglassen. Solltest du dich aber besonders fit fühlen, dann können wir sie wärmstens empfehlen, weil sie dir die Möglichkeit bieten, dein Wissen zu vervollkommnen.
Nun einige Tipps, wie du mit dem Buch arbeiten solltest:
- Lies die einzelnen Aufgaben bzw. Aufgabenteile gründlich durch und notiere die Lösungen – falls durch Leerstellen gekennzeichnet – auch im Buch.
- Schreibe bei umfangreicheren Aufgaben den Lösungsweg vollständig auf, denn nur so kannst du bei der Kontrolle mit dem Lösungsheft deine Rechen- oder Denkfehler aufspüren.
- Befrage nur dann das Lösungsheft, wenn du aus eigener Kraft wirklich nicht mehr weiter kommst. Geh dabei nicht jeder Schwierigkeit durch Nachschlagen aus dem Wege. Du bringst dich sonst nur um den Lernerfolg.
- Arbeite nicht länger als eine Stunde.
- Überfliege bei jedem Neubeginn die Teile, die du schon bearbeitet hast.
- Lass die Intervalle zwischen deinem Arbeiten nicht länger als zwei bis drei Tage werden.

Und nun an die Arbeit! Du wirst sehen, auch du schaffst den Aufschwung in Mathe.

Mit Trainer Willy
kommst du
locker über alle
Hindernisse.

Viel Spaß!

I. Quadratische Funktionen

1. Die Funktion $x \mapsto y = x^2$

Den Flächeninhalt eines Quadrats berechnet man bekanntlich nach der Formel $A = a^2$. Jeder Seitenlänge ist dabei ein Flächeninhalt zugeordnet. Es liegt also eine Funktion vor, deren Funktionsgleichung wir auch so schreiben können:

$x \mapsto y = x^2$ oder $x \mapsto x^2$ oder $f(x) = x^2$

1

a) Trage in die Tabelle die zu den Seitenlängen x gehörenden Flächeninhalte ein.

x	0	0,5	1	1,5	2	2,5
$y = x^2$						

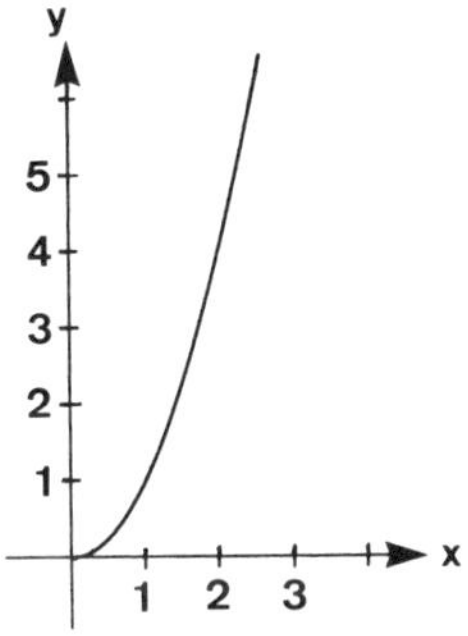

b) Zeichne den zugehörigen Funktionsgraphen in dein Heft.

2

a) Erweitere die Wertetabelle von Aufgabe **1** um die x-Werte $-0{,}5$, -1, $-1{,}5$, -2 und $-2{,}5$ und berechne die zugehörigen y-Werte.

b) Vervollständige den Funktionsgraphen.

Die Funktion $x \mapsto y = x^2$ ist eine **quadratische Funktion.**

Ihr Graph heißt **Normalparabel.**

Der Punkt S (0|0) heißt der **Scheitelpunkt** der Parabel.

3

a) Berechne die zugehörigen Funktionswerte zu den x-Werten

$8, \ -26, \ \frac{1}{3}, \ 0{,}2, \ -\frac{4}{5}, \ 1\frac{3}{4}, \ -3{,}25$

b) Zu welchen x-Werten sind 4, 36, $\frac{25}{49}$ 1,44 die Funktionswerte?

c) Begründe, weshalb unter den Funktionswerten keine negativen Zahlen auftreten können.

d) Welches ist der kleinste Funktionswert?

> Der Definitionsbereich der Funktion $x \mapsto y = x^2$ ist die Menge $\mathbb{Q}$, der Wertebereich aber nur die Menge $\mathbb{Q}_+$.

4

a) Berechne die Funktionswerte von 3 und -3, 7 und -7, 0,6 und $-0{,}6$. Was fällt auf?

b) Welche x-Werte gehören zu den Funktionswerten 9, 6,25, $\frac{64}{81}$, 0?

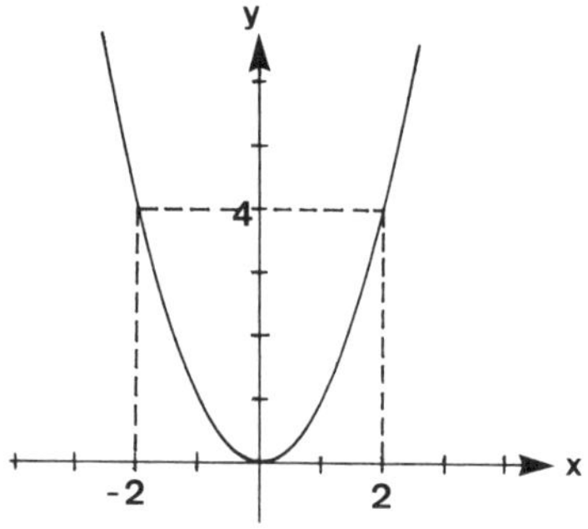

Bei der Funktion $x \mapsto y = x^2$ hat zu jeder Zahl $x \in \mathbb{Q}$ die Gegenzahl $-x$ denselben Funktionswert.
Wir schreiben $f(x) = x^2 = f(-x) = (-x)^2$.
Die Normalparabel ist folglich symmetrisch zur y-Achse des Koordinatensystems.

5

In der Abbildung sind die x-Werte 2 und 3 mit ihren y-Werten eingezeichnet.

a) Überlege, dass für positive x-Werte gilt: Wenn $x_1 < x_2$, dann ist auch $f(x_1) < f(x_2)$.

b) Zeichne eine Normalparabel und die x-Werte -2 und -3 mit ihren Funktionswerten. Formuliere den Satz aus a) für negative x-Werte.

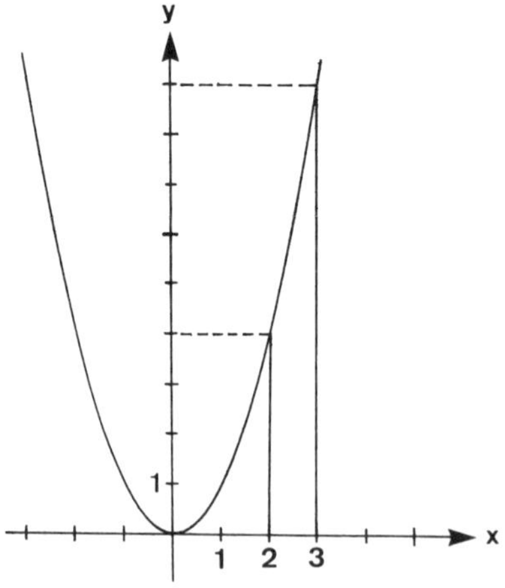

Geht man auf der x-Achse vom Ursprung aus nach rechts, so werden die Funktionswerte der Funktion $y = x^2$ immer größer. Man sagt: Die Normalparabel **steigt** rechts von ihrem Scheitelpunkt.
Geht man dagegen von links her auf den Ursprung zu, so werden die Funktionswerte kleiner, obwohl die x-Werte größer werden.

Beispiel: $-4 < -3$, aber $f(-4) = (-4)^2 = 16 > f(-3) = (-3)^2 = 9$.
Man sagt: Die Normalparabel **fällt** links von ihrem Scheitelpunkt.

6

Zeichne auf Millimeterpapier eine Normalparabel für den Bereich $-3{,}5 \leq x \leq 3{,}5$.
Lies aus der Zeichnung möglichst genau ab, welche x-Werte zu den Funktionswerten 2, 3, 5, 6 und 10 gehören.
Überprüfe jeweils die Genauigkeit deiner Zeichnung, indem du den abgelesenen Wert quadrierst.

2. Die Funktionen der Form $x \mapsto y = x^2 + bx + c$

Verschobene Normalparabeln

1

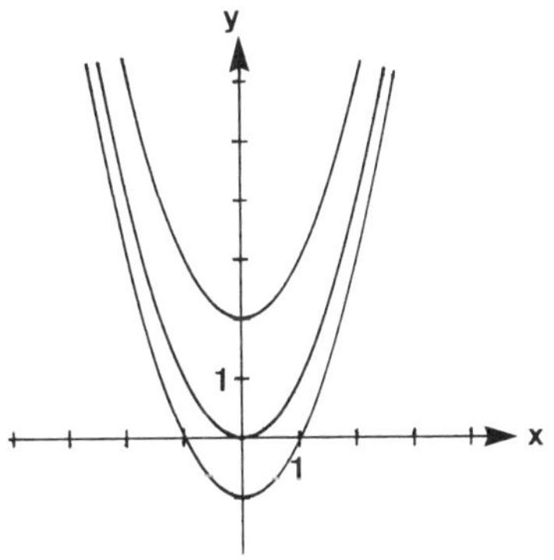

a) Zeichne in dasselbe Koordinatensystem die Normalparabel und den Graphen der Funktion $x \mapsto y = x^2 + 2$. Lege dazu zunächst eine Wertetabelle für $-3 \leq x \leq 3$ an.

b) Zeichne in das Koordinatensystem ebenso den Graphen der Funktion $x \mapsto y = x^2 - 1$.

c) Gib die Koordinaten der Scheitelpunkte an.

2

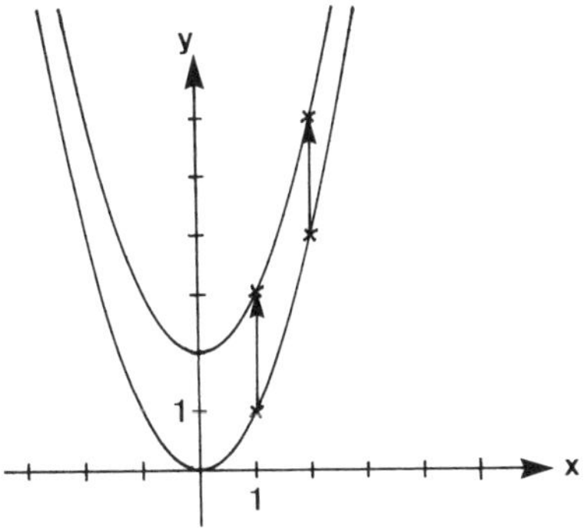

a) Zeichne eine Normalparabel in ein Koordinatensystem.

b) Verschiebe wie in der Abbildung die Parabelpunkte (1|1) und (2|4) um 2 Einheiten nach oben. Welche Punkte erhältst du?

c) Verschiebe die Punkte der Normalparabel mit den x-Werten 1,5, 0,5, 0, −0,5, −1, −1,5 und −2 um 2 Einheiten nach oben.

d) Verbinde die Punkte und vergleiche den Graphen mit den Parabeln aus Aufgabe 1. Wie lautet demnach die Funktionsgleichung?

Die Graphen aller Funktionen der Form $x \mapsto y = x^2 + c$, $c \in \mathbb{Q}$, sind entlang der y-Achse verschobene Normalparabeln. Ist dabei $c > 0$, so wurde die Normalparabel um c Einheiten nach **oben**, für $c < 0$ nach **unten** verschoben.

Insbesondere ergibt sich der Scheitelpunkt als $S(0|c)$.

Es ist bei den folgenden Aufgaben sinnvoll, für das Zeichnen von Normalparabeln eine Schablone zu benutzen. Solche Schablonen kann man kaufen oder selbst anfertigen (auf Pappe zeichnen und ausschneiden).
Bedenke dabei, dass du die Schablone nur benutzen kannst, wenn für die Schablone und das Koordinatensystem dieselben Einheiten (1 cm) zugrunde gelegt wurden.
Es ist hilfreich, eine Schablone mit Symmetrieachse zu wählen oder diese einzuzeichnen, weil du dadurch vermeiden kannst, dass du die Schablone schief anlegst.

3

Zeichne mit Hilfe einer Normalparabelschablone die Graphen der Funktionen
$x \mapsto y = x^2 + 1{,}5$; $\quad x \mapsto y = x^2 - 4$; $\quad x \mapsto y = x^2 - \frac{5}{2}$
in dasselbe Koordinatensystem.

Beachte:
Es ist günstig, zunächst den Scheitelpunkt der verschobenen Parabel zu bestimmen und daran die Schablone anzulegen.

4

Die Punkte $S_1(0|1{,}5)$, $S_2(0|-5)$ und $S_3\left(0\,\middle|\,-\frac{7}{4}\right)$ seien die Scheitelpunkte verschobener Normalparabeln.

a) Zeichne die zugehörigen Graphen mit Hilfe einer Schablone.

b) Bestimme die zugehörigen Funktionsgleichungen.

c) Berechne jeweils den Funktionswert für $x = 1$. Lässt er sich auch an der entsprechenden Parabel ablesen?

5

a) Welches ist der kleinste Funktionswert der Funktion mit der Gleichung

α) $y=x^2+15$ **β)** $y=x^2-36$ **γ)** $y=x^2-0{,}024$?

b) Besitzen die Funktionen jeweils einen größten Funktionswert?

6

Wir wollen nun untersuchen, ob der Punkt $P(1|-2)$ auf dem Graphen der Funktion $x \mapsto y=x^2-3$ liegt.

a) Zeichne den Graphen.

b) Wenn P auf dem Graphen der Funktion liegen soll, dann müssen seine Koordinaten die Funktionsgleichung erfüllen.
Wir setzen ein:
$-2=1^2-3$
$-2=-2$ wahre Aussage!

c) Überprüfe ebenso, ob die Punkte $Q(-2|1)$ und $R(3|3)$ auf dem Graphen liegen.

7

Untersuche rechnerisch, welche der Punkte $A(2|-2)$, $B(0|0)$, $C(4|10)$ und $D(2{,}5|0{,}25)$ auf dem Graphen einer verschobenen Normalparabel mit dem Scheitelpunkt $S(0|-6)$ liegen.

8

Der Punkt $P(1|2)$ liege auf einer entlang der y-Achse verschobenen Normalparabel. Gesucht ist die zugehörige Funktionsgleichung.

a) Setze die Koordinaten von P in die Gleichung $y=x^2+c$, $c \in \mathbb{Q}$, ein.

b) Löse die erhaltene Gleichung nach c auf.

c) Wie lautet nun die gesuchte Funktionsgleichung?

d) Zeichne den Graphen und überprüfe dein Ergebnis.

9

Bestimme $c \in \mathbb{Q}$ so, dass

a) $P(-1|4)$

b) $P(2|0)$

die Funktionsgleichung $y=x^2+c$ erfüllen.

10

Zeige, dass es sich bei dem Graphen der Funktion $x \mapsto y = (x-2) \cdot (x+2)$ um eine entlang der y-Achse verschobene Normalparabel handelt.
Bestimme ihren Scheitelpunkt.

11

Gegeben ist die Funktion $x \mapsto y = (x-1)^2$.

a) Lege eine Wertetabelle an und zeichne den Graphen im Bereich $-3 \leq x \leq 3$.

b) Bestimme die Koordinaten $(x_s|y_s)$ des Scheitelpunkts.

12

a) Zeichne den Graphen der Funktion $x \mapsto y = (x-2)^2$ anhand einer Wertetabelle und die Normalparabel in dasselbe Koordinatensystem.

Vergleichen wir den Graphen der Funktion $x \mapsto y = (x-2)^2$ mit der Normalparabel, so liegt die Vermutung nahe, dass es sich um eine entlang der x-Achse verschobene Normalparabel handelt.

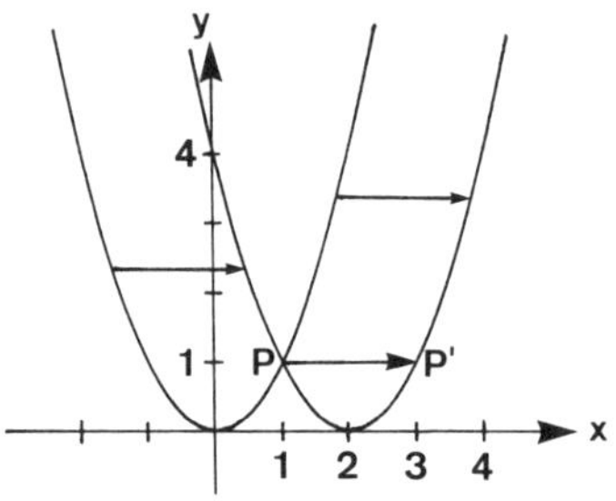

b) Dem Punkt P(1|1) der Normalparabel entspricht der Punkt P′(3|1) der verschobenen Parabel. Zeichne einen Verschiebungspfeil, der von P nach P′ führt.
Wie lang ist er?

c) Welche Punkte der verschobenen Parabel entsprechen Q(2|4), R(−1|1) und S(0|0) auf der Normalparabel?
Zeichne auch hier die Verschiebungspfeile.

13

a) Wie viel Einheiten sind diese beiden verschobenen Normalparabeln vom Ursprung entfernt? Betrachte dazu die Scheitelpunkte.

b) Stelle ihre Funktionsgleichungen auf.

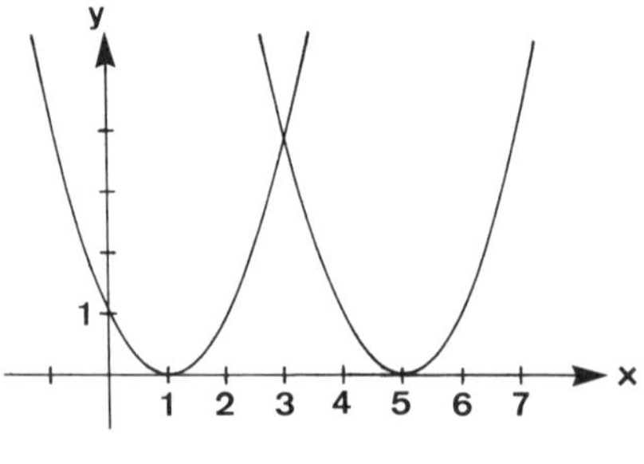

14

Auch bei diesem Graphen handelt es sich um eine verschobene Normalparabel. Sie ist jedoch nach links, also gegen die Richtung der x-Achse verschoben worden.

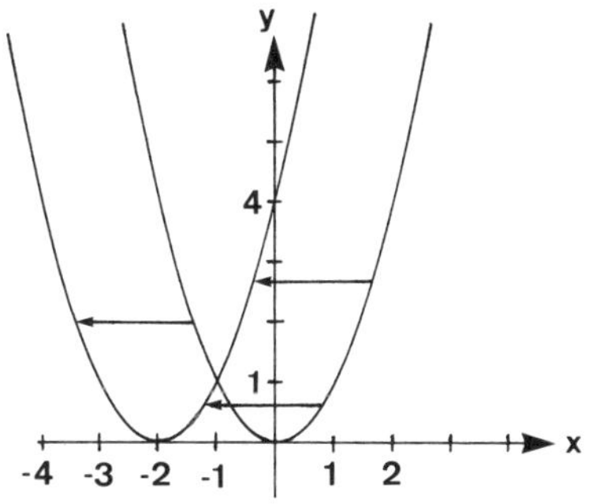

a) Gib die Koordinaten der Bildpunkte an, die P(1|1), Q(2,5|6,25), R(−2|4) und S(0|0) entsprechen.

b) Welche Auswirkung hat die Verschiebung auf die x-Koordinaten der Bildpunkte?

c) Wie muss folglich die Funktionsgleichung lauten?

Die Graphen aller Funktionen der Form $x \mapsto y = (x-d)^2$, $d \in \mathbb{Q}$, sind entlang der x-Achse verschobene Normalparabeln.

Ist dabei $d > 0$, so liegt der Scheitelpunkt rechts vom Ursprung, bei $d < 0$ links vom Ursprung.

Der Scheitelpunkt hat immer die Form $S(d|0)$.

Die Bestimmung des Scheitelpunkts

1

Zeichne die Normalparabel und die Graphen der Funktionen

a) $x \mapsto y = (x-1{,}5)^2$ **b)** $x \mapsto y = (x+1)^2$ **c)** $x \mapsto y = (x+3)^2$

in dasselbe Koordinatensystem. Bestimme zunächst jeweils den Scheitelpunkt und benutze dann eine Normalparabelschablone.

2 Gib die Funktionsgleichungen der Graphen an:

a)

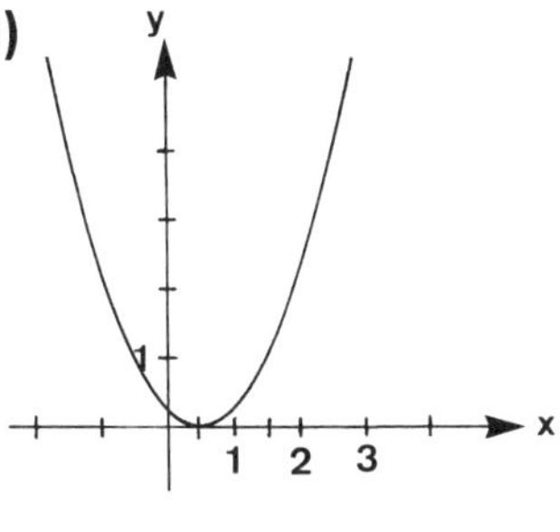

b)

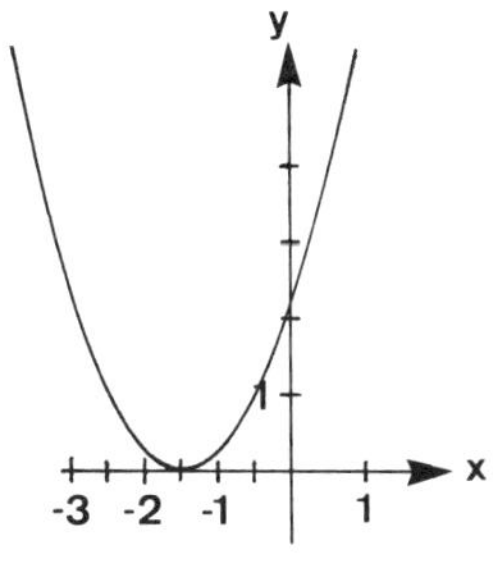

c)

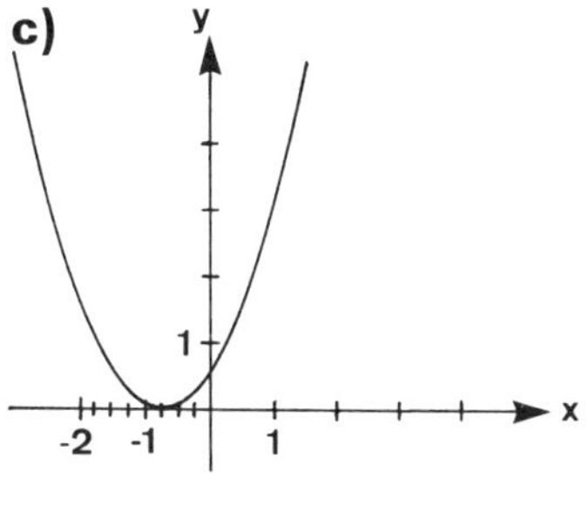

3

Gegeben sind die Scheitelpunkte verschobener Normalparabeln. Wie lauten die zugehörigen Funktionsgleichungen?
Notiere zunächst, ob die Verschiebung entlang der x- oder y-Achse stattfand und ob nach rechts oder links, bzw. nach oben oder unten verschoben wurde.

a) $S(4|0)$ **b)** $S\left(-\frac{2}{3}\middle|0\right)$ **c)** $S(0|1{,}6)$ **d)** $S(0|-28)$

e) $S(-99|0)$ **f)** $S(0|-99)$ **g)** $S(10|0)$ **h)** $S(0|10)$

4

Bestimme die Koordinaten der Scheitelpunkte der Funktionen:

a) $x \mapsto y=(x+7)^2$ **b)** $x \mapsto y=x^2+7$

c) $x \mapsto y=x^2-7$ **d)** $x \mapsto y=(x-7)^2$

5

In welchem Punkt haben die Funktionen ihren kleinsten Funktionswert? Wie groß ist er jeweils?

a) $x \mapsto y=(x-12)^2$ **b)** $x \mapsto y=x^2-50$ **c)** $x \mapsto y=x^2+0{,}3$

d) $x \mapsto y=(x+100)^2$ **e)** $x \mapsto y=(x+k)^2,\ k \in \mathbb{Q}$

Im Folgenden werden immer wieder Terme wie $(x-7)^2$ vorkommen, die man mit Hilfe der binomischen Formeln

$$\mathbf{(a+b)^2=a^2+2ab+b^2}$$

$$\mathbf{(a-b)^2=a^2-2ab+b^2}$$

umformen kann.

6

a) Ersetze die Variable a durch x und schreibe die binomischen Formeln noch einmal auf.

b) Forme $(x-7)^2$ danach um.

7 Forme um:

a) $(x+2)^2$ **b)** $(x-3)^2$ **c)** $(x-1)^2$ **d)** $(x+6)^2$

e) $(x-1{,}5)^2$ **f)** $(x+2{,}5)^2$ **g)** $(x-1{,}2)^2$ **h)** $(x+3{,}1)^2$

i) $\left(x+\frac{1}{2}\right)^2$ **j)** $\left(x-\frac{3}{4}\right)^2$ **k)** $\left(x+\frac{5}{2}\right)^2$ **l)** $\left(x-\frac{4}{3}\right)^2$

8

Es ist oft ebenso notwendig, einen Term wie x^2+6x+9 zurückzuverwandeln in $(x+3)^2$.

Es ist $x^2+2bx+b^2=(x+b)^2$,

hier: $x^2+6x\ \ +9=(x+\_)^2$.

Demnach muss gelten: $2b=6$, als $b=3$.

Wir überprüfen: $b^2=3^2=9$ ist richtig.

Ergebnis: $x^2+6x+9=(x+3)^2$.

Verwandle ebenso:

a) x^2+2x+1 **b)** $x^2-8x+16$ **c)** $x^2+20x+100$

d) $x^2-x+\frac{1}{4}$ **e)** $x^2-2{,}4x+1{,}44$ **f)** $x^2+\frac{2}{3}x+\frac{1}{9}$

g) $x^2-5x+6{,}25$ **h)** $x^2+1{,}8x+0{,}81$

9

Wie lauten die Koordinaten des Scheitelpunkts?
Bringe dazu die Funktionsgleichungen auf die Form $y=(x-d)^2$ oder $y=x^2+c$.

a) $x\mapsto y=x^2-14x+49$ **b)** $x\mapsto y=x^2+14x+49$

c) $x\mapsto y=x^2-22x+121$ **d)** $x\mapsto y=(x-3)\cdot(x+3)$

e) $x\mapsto y=x^2-1{,}6x+0{,}64$ **f)** $x\mapsto y=\left(x-\frac{1}{2}\right)\cdot\left(x+\frac{1}{2}\right)$

10

a) Verschiebe eine Normalparabel vom Ursprung aus zunächst um 2 Einheiten nach rechts, danach weiter um 1 Einheit nach oben. Wie lautet ihr Scheitelpunkt?

b) Aus unseren Erfahrungen mit verschobenen Normalparabeln vermuten wir, dass die zugehörige Funktionsgleichung $x\mapsto y=(x-2)^2+1$ lauten könnte.

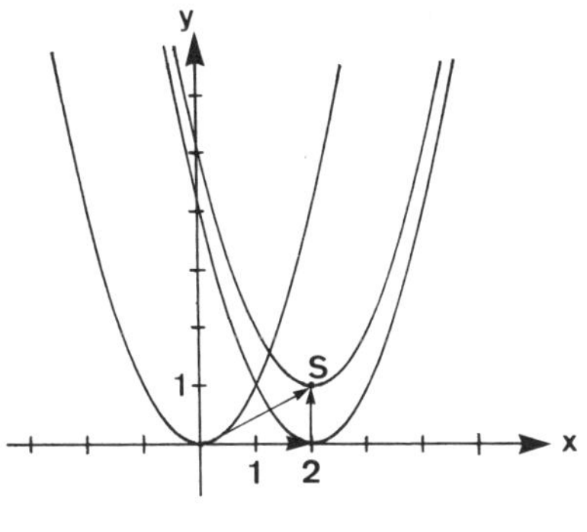

Berechne die Funktionswerte zu den x-Werten 0, 1, 2 und 4 und überprüfe, ob sie mit deiner Zeichnung übereinstimmen.

Der Graph einer Funktion der Form $x \mapsto y = (x-d)^2 + e$; $d, e \in \mathbb{Q}$, ist eine um d Einheiten in Richtung der x-Achse und um e Einheiten in Richtung der y-Achse verschobene Normalparabel.

Ihr Scheitelpunkt ist $S(d|e)$.

11

Zeichne die Graphen der Funktionen

a) $x \mapsto y = (x+1)^2 + 2$

b) $x \mapsto y = (x-2)^2 + 1$

c) $x \mapsto y = (x-3)^2 - 4$

d) $x \mapsto y = (x+2)^2 - 3$

Notiere jeweils zunächst den Scheitelpunkt.

12

a) Lege eine Wertetabelle an und zeichne den Graphen der Funktion $x \mapsto y = x^2 - 4x + 5$.

b) Handelt es sich um eine verschobene Normalparabel?

c) Du hast denselben Graphen schon einmal in Aufgabe 10 gezeichnet. Welche andere Form hat seine Funktionsgleichung demnach noch?

d) Wie lautet der Scheitelpunkt?

Die quadratische Ergänzung

Aus der Funktionsgleichung $y = x^2 - 4x + 5$ kann man die Koordinaten des Scheitelpunkts im allgemeinen nicht ablesen. Es kommt folglich darauf an, die Funktionsgleichung in die Form $y = (x-2)^2 + 1$ zu überführen. Die Methode zum Erreichen dieses Ziels ist die **quadratische Ergänzung.**
Das Wesentliche dabei ist, den Funktionsterm $x^2 - 4x + 5$ so zu ergänzen, dass man die 1. oder 2. binomische Formel anwenden kann:

Beispiel:

$$\begin{aligned} & x^2 - \textcircled{4}x \qquad + 5 \\ &= x^2 - 4x + \left(\frac{4}{2}\right)^2 + 5 - \left(\frac{4}{2}\right)^2 \\ &= x^2 - 4x + 4 \quad + 5 - 4 \\ &= (x-2)^2 \qquad + 1 \end{aligned}$$

Für die Anwendung der binom. Formel $x^2 - 2bx + b^2 = (x-b)^2$ fehlt uns der Term b^2.
Wir können aber b aus dem Term 2bx ermitteln.
$2b = \textcircled{4}$, mithin $b = \frac{4}{2}$.

1 Forme die Terme mit Hilfe der quadratischen Ergänzung um.

a) $x^2+10x+27$ **b)** x^2-2x-2 **c)** $x^2-12x+30$

d) $x^2+7x-10$ **e)** x^2-3x+4 **f)** x^2+x+1

g) $x^2+0{,}4x-0{,}14$ **h)** $x^2-\frac{2}{3}x-\frac{1}{2}$

Der Graph einer Funktion der Form $x \mapsto y = x^2+bx+c$, $b, c \in \mathbb{Q}$, ist eine verschobene Normalparabel.

Mit Hilfe der quadratischen Ergänzung lässt sich ihre Funktionsgleichung auf die sogenannte **Scheitelform** bringen:

$y=(x-d)^2+e$

oder $y=(x-x_s)^2+y_s$.

Hieraus lässt sich dann leicht der Scheitelpunkt ablesen: $S(x_s|y_s)$.

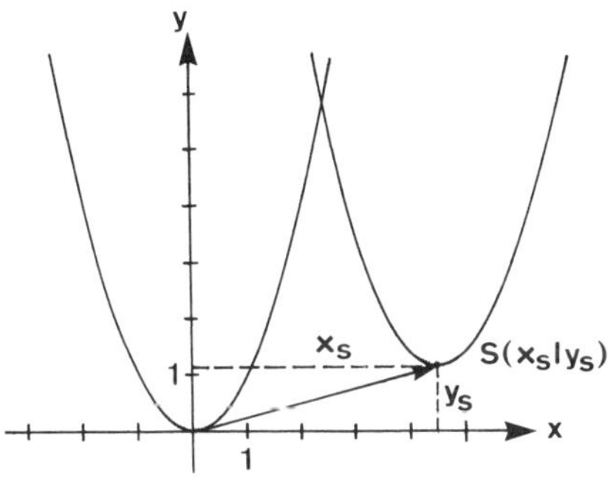

Beachte: Eine häufige Fehlerquelle beim Ablesen der Scheitelpunktkoordinaten ist die Missachtung des Minuszeichens in der Klammer.

Beispiel: $y=(x-7)^2+4=(x-(+7))^2+4$, $S(7|4)$

und $y=(x+7)^2+4=(x-(-7))^2+4$, $S(-7|4)$.

Möglicherweise vermeidest du Fehler, wenn du dir klar machst, dass die Scheitelform auch so lauten kann:

$y-y_s=(x-x_s)^2$.

2 Ermittle den Scheitelpunkt der quadratischen Funktionen:

a) $x \mapsto y=x^2-8x+25$ **b)** $x \mapsto y=x^2+6x+16$

c) $x \mapsto y=x^2-2x-2{,}5$ **d)** $x \mapsto y=x^2+11x-10$

e) $x \mapsto y = x^2 + 9x - 30$

f) $x \mapsto y = x^2 + 1{,}8x - 0{,}01$

g) $x \mapsto y = x^2 - \frac{1}{4}x + \frac{3}{4}$

h) $x \mapsto y = x^2 + \frac{2}{5}x - \frac{3}{10}$

3 Zeichne die Graphen der Funktionen.

a) $x \mapsto y = x^2 - 8x + 11$

b) $x \mapsto y = x^2 + 4x + 5{,}5$

c) $x \mapsto y = x^2 - 5x + 8{,}25$

d) $x \mapsto y = x^2 + x - 3\frac{3}{4}$

Bestimme zunächst den Scheitelpunkt und benutze dann eine Schablone.

4

Der Punkt $S(3|-4)$ sei der Scheitelpunkt einer verschobenen Normalparabel.

a) Wie lautet die zugehörige Funktionsgleichung in der Scheitelform?

b) Forme so um (binomische Formel), dass du die Funktionsgleichung in der Form $y = x^2 + bx + c$ erhältst.

5

Gehe vor wie in Aufgabe **4**:

a) $S(1|6)$

b) $S(-5|12)$

c) $S(-8|-36)$

d) $S(2{,}5|-7)$

e) $S\left(\frac{2}{3}\middle|\frac{1}{9}\right)$

6

a)

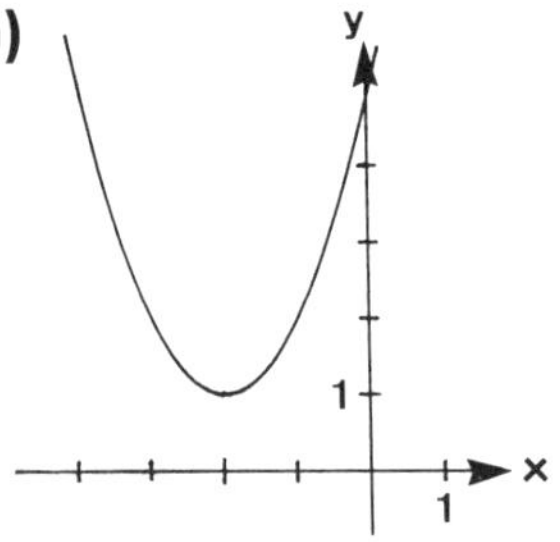

b)

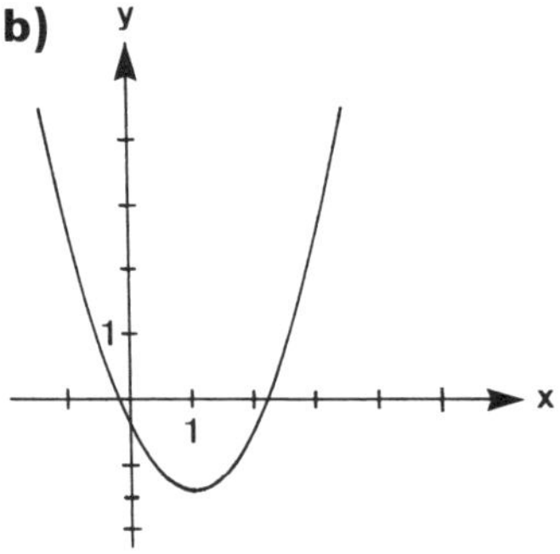

c)

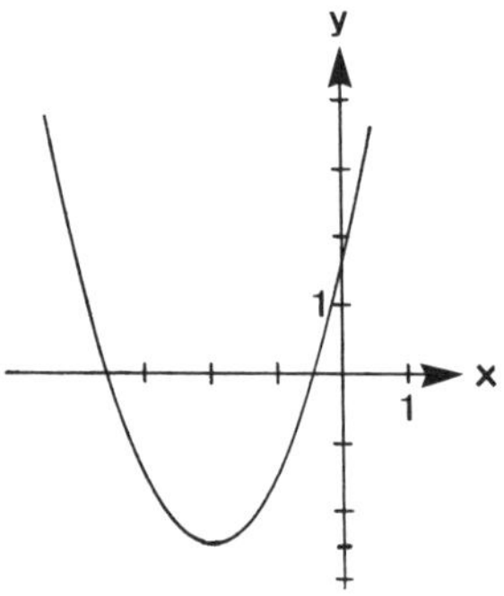

Gib die zu den Graphen gehörenden Funktionsgleichungen

α) in der Scheitelform **β)** in der Form $y = x^2 + bx + c$ an.

7

Bestimme den Scheitelpunkt. Beachte dabei, dass nicht immer eine quadratische Ergänzung notwendig ist.

a) $x \mapsto y = x^2 - 4x + 4$

b) $x \mapsto y = x^2 - 4x - 4$

c) $x \mapsto y = x^2 + 81$

d) $x \mapsto y = x^2 - 81$

e) $x \mapsto y = x^2 - 5x$

f) $x \mapsto y = x^2 + 6x$

(*) 8

Diese Aufgabe ist schon relativ schwierig. Du musst sie nicht unbedingt lösen.

Führe allgemein für die Funktion $x \mapsto y = x^2 + bx + c$ eine quadratische Ergänzung durch und ermittle so die Scheitelform.
Gib die Scheitelpunktkoordinaten x_s und y_s in Abhängigkeit von b und c an.

9

Bestimme den kleinsten Funktionswert der Funktionen. Berechne dazu vorher ihren Scheitelpunkt.

a) $x \mapsto y = x^2 - 5x + 6$

b) $x \mapsto y = x^2 + 1{,}4x + 2{,}3$

c) $x \mapsto y = x^2 - 30x - 100$

d) $x \mapsto y = x^2 + \frac{4}{7}x + \frac{4}{49}$

e) $x \mapsto y = x^2 + 4{,}2x$

f) $x \mapsto y = x^2 - 9$

Falls du Aufgabe 8 gelöst hast, kannst du die darin hergeleiteten Formeln für die Scheitelpunktkoordinaten benutzen.

10

Überprüfe, ob der Punkt P auf dem Graphen der Funktion liegt

α) zeichnerisch, indem du den Scheitelpunkt bestimmst und den Graphen mit Hilfe einer Schablone zeichnest;

β) rechnerisch, indem du die Koordinaten in die Funktionsgleichung einsetzt und prüfst, ob sich dadurch eine wahre Aussage ergibt.

a) $x \mapsto y = x^2 - 2x - 4$, $P(2|-4)$

b) $x \mapsto y = x^2 + 4x + 5{,}5$, $P(1|8)$

c) $x \mapsto y = x^2 - 6x + 9$, $P(4|1)$

d) $x \mapsto y = x^2 + 7x$, $P(-2|10)$

Test

1

Gegeben sind die Scheitelpunkte verschobener Normalparabeln. Wie lauten die Funktionsgleichungen in allgemeiner Form?

a) $S(3|7)$ **b)** $S(-5|0)$ **c)** $S(0|-1{,}4)$ **d)** $S(-1|1)$

2

Bestimme jeweils den Scheitelpunkt der Parabeln:

a) $x \mapsto y = x^2 - 10x + 29$

b) $x \mapsto y = x^2 - 2{,}4x + 1{,}44$

c) $x \mapsto y = x^2 - 12x + 40$

d) $x \mapsto y = x^2 - 16$

3

Zeichne die Graphen der Funktionen:

a) $x \mapsto y = x^2 + 4x + 1$

b) $x \mapsto y = x^2 - 4x$

4

a) Bestimme den kleinsten Funktionswert der Funktion $x \mapsto y = x^2 + 9x + 8$.

b) Liegt der Punkt $P(-2|5)$ auf dem Graphen?

3. Die allgemeine quadratische Funktion

Eigenschaften des Graphen

1

a) Lege eine Wertetabelle an und zeichne den Graphen der Funktion $x \mapsto y = 2x^2$ im Intervall $-2{,}5 \le x \le 2{,}5$.

b) Zeichne in dasselbe Koordinatensystem die Normalparabel.

c) Vergleiche die Funktionswerte der Funktionen $x \mapsto y = 2x^2$ und $x \mapsto y = x^2$ für die x-Werte -2, -1, 0, 1 und 2. Fülle dazu folgende Tabelle aus:

x	-2	-1	0	1	2
$2x^2$					
x^2					

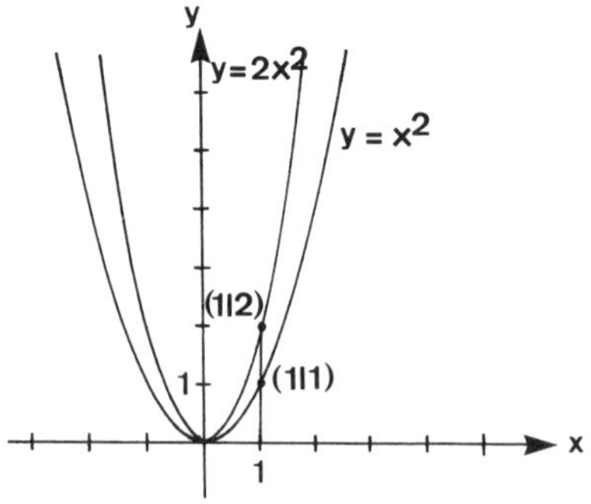

2

Zeichne in das Koordinatensystem von Aufgabe 1 auch noch den Graphen der Funktion $x \mapsto y = \frac{1}{2}x^2$, nachdem du eine Wertetabelle aufgestellt hast. Vergleiche auch hier die Funktionswerte mit denen der anderen Funktionen.

> Der Graph der Funktion $x \mapsto y = ax^2$, $a \in \mathbb{Q}$, heißt **Parabel.**
> Er hat den Scheitelpunkt S (0|0) und ist symmetrisch zur y-Achse.

Beachte: Graphen dieser Art haben eine andere Form als Normalparabeln und lassen sich deshalb **nicht** mit der Schablone zeichnen.
Lediglich für $a = 1$ oder $a = -1$ kannst du die Schablone benutzen.

3

Zeichne den Graphen der Funktion $x \mapsto y = -x^2$ zusammen mit der Normalparabel in ein Koordinatensystem. Vergleiche auch hier die Funktionswerte. Welche Abbildung bildet die Graphen aufeinander ab?

4 Zeichne die Graphen von $x \mapsto y = -2x^2$ und $x \mapsto y = -\frac{1}{2}x^2$.

Vergleiche sie mit denen von Aufgabe 1.

Ist bei einer Funktion $x \mapsto y = ax^2$, $a < 0$, so ist ihr Graph gegenüber dem mit positivem a an der x-Achse gespiegelt.
Die Funktionswerte unterscheiden sich nur durch das Vorzeichen.
Die Achsensymmetrie zur y-Achse bleibt natürlich erhalten.

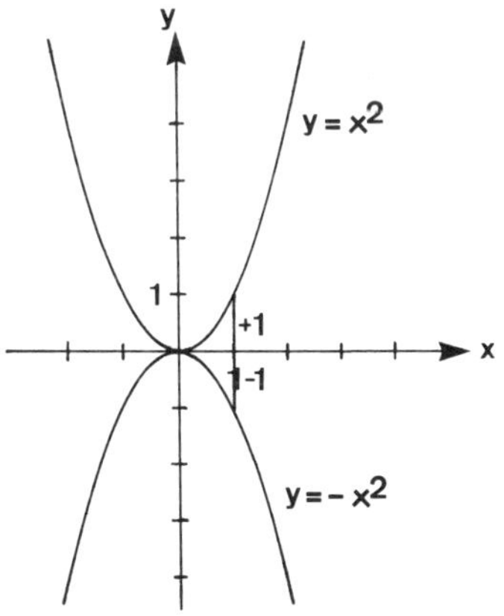

5 Erstelle Wertetabellen und zeichne die Graphen der Funktionen:

a) $x \mapsto y = 1{,}5x^2$ **b)** $x \mapsto y = -0{,}6x^2$ **c)** $x \mapsto y = \frac{2}{3}x^2$ **d)** $x \mapsto y = -2\frac{1}{4}x^2$

6

a) Zeichne in dasselbe Koordinatensystem die Graphen der Funktionen $x \mapsto y = x^2$ und $x \mapsto y = -x^2$. Benutze dabei eine Schablone.

b) Wo hat die Funktion $x \mapsto y = x^2$ ihren kleinsten Funktionswert? Wie groß ist er?

c) Besitzt auch die Funktion $x \mapsto y = -x^2$ einen kleinsten Funktionswert?

d) Die Funktion $x \mapsto y = -x^2$ hat in S(0|0) ihren Scheitelpunkt. Welches Vorzeichen besitzen die Funktionswerte (y-Werte) aller anderen Punkte? Welches ist folglich der **größte** Funktionswert?

Die Funktionen der Form $x \mapsto y = ax^2$ mit **negativem** a haben im Scheitelpunkt ihren **größten Funktionswert (Maximum).** Einen kleinsten Funktionswert besitzen sie nicht. Ihr Graph ist eine **nach unten geöffnete Parabel.**

Dagegen haben die Funktionen für **positives** a im Scheitelpunkt ihren **kleinsten Funktionswert (Minimum).** Sie besitzen dafür keinen größten Funktionswert. Ihr Graph ist eine **nach oben geöffnete Parabel.**

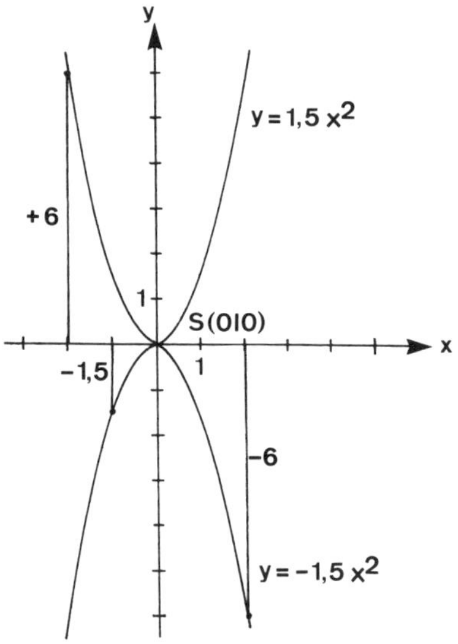

7

Zeichne die Graphen der Funktionen und stelle fest, ob sie nach oben oder unten geöffnet sind. Notiere auch, ob sie einen größten oder kleinsten Funktionswert besitzen.

a) $x \mapsto y = 0{,}4x^2$ **b)** $x \mapsto y = -\frac{5}{4}x^2$ **c)** $x \mapsto y = -1{,}6x^2$ **d)** $x \mapsto y = \frac{1}{3}x^2$

8

Wir betrachten die Funktion $x \mapsto y = -2x^2$.

a) Berechne die Funktionswerte zu den x-Werten 1, 2 und 3 sowie zu −3, −2 und −1.

b) Nach welcher Seite hin werden die Funktionswerte kleiner und wann werden sie größer?

c) Vergleiche das Wachsen bzw. Fallen der Funktionswerte mit denen der Funktion $x \mapsto y = 2x^2$.

Die Funktionswerte der Funktionen $x \mapsto y = ax^2$ mit negativem a verhalten sich genau umgekehrt wie die der Funktionen mit positivem a:

Bei einer Funktion $x \mapsto y = ax^2$ mit $\mathbf{a < 0}$ werden die Funktionswerte immer kleiner, je weiter man vom Scheitelpunkt aus nach rechts geht. Man sagt:
Der Graph **fällt rechts vom Scheitelpunkt.**

Nähert man sich dagegen von links dem Scheitelpunkt, so werden die Funktionswerte größer:
Der Graph **steigt links vom Scheitelpunkt.**

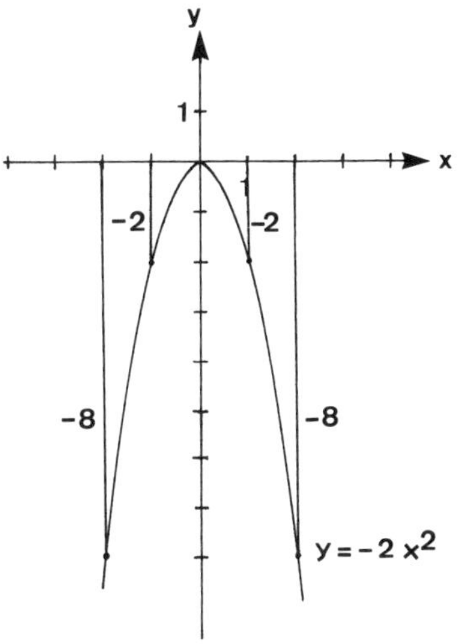

9

Fülle die Tabelle aus. Zeichne die Funktionsgraphen, falls du nicht weiterkommst:

	$x \mapsto y = 4x^2$	$x \mapsto y = -3x^2$
Symmetrie zur y-Achse (ja/nein)	ja	
größter Funktionswert		
kleinster Funktionswert		
Öffnung nach (oben/unten)		
Steigen/Fallen des Graphen: rechts von S		
links von S		

10

a) Zeichne die Graphen der Funktionen $x \mapsto y = 3x^2$ und $x \mapsto y = \frac{1}{3}x^2$ mit Hilfe von Wertetabellen in ein Koordinatensystem. Zeichne zusätzlich eine Normalparabel.

b) Vergleiche die drei Funktionen. Welche Funktion besitzt für alle von Null verschiedenen x-Werte die jeweils größten Funktionswerte und welche die jeweils kleinsten?

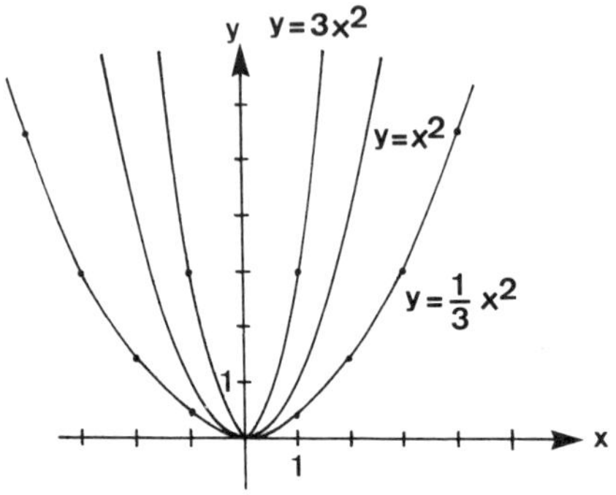

Bei den Funktionen $x \mapsto y = ax^2$ beeinflusst der Faktor a die Größe der Funktionswerte und damit auch die Form des Graphen.

Ist $|a| < 1$, also $-1 < a < 1$, so verläuft die Parabel flacher als die Normalparabel. Wir sagen: Die Parabel ist **gestaucht.**

Ist $|a| > 1$, also $a > 1$ oder $a < -1$, so verläuft die Parabel steiler als die Normalparabel. Wir sagen: Die Parabel ist **gestreckt.**

11

Entscheide, ob es sich bei den Graphen um gestreckte oder gestauchte Parabeln handelt und begründe deine Entscheidung.

a) $x \mapsto y = 0{,}8x^2$

b) $x \mapsto y = -0{,}9x^2$

c) $x \mapsto y = -1\frac{2}{3}x^2$

d) $x \mapsto y = -100x^2$

e) $x \mapsto y = \frac{5}{7}x^2$

f) $x \mapsto y = 1{,}0001x^2$

Notiere jeweils auch, ob die Parabeln nach oben oder unten geöffnet sind.

12

Hier sind die zu den beschriebenen Parabeln gehörenden Funktionsgleichungen der Form $x \mapsto y = ax^2$ gesucht.

a) Die Parabel ist um den Faktor 2,2 gestreckt und an der x-Achse gespiegelt.

b) Die Parabel geht durch den Punkt $P(1|3{,}5)$.

c) Die Funktionswerte der gesuchten Parabel sind halb so groß wie die der Normalparabel.

d) Die Parabel ist nach unten geöffnet und weder gestaucht noch gestreckt.

Die Scheitelform

Wir haben bisher nur die Funktionen der Form $x \mapsto y = ax^2$, $a \in \mathbb{Q}$ betrachtet. Alle Funktionen dieser Art haben den Ursprung des Koordinatensystems als Scheitelpunkt. Ebenso wie die Normalparabeln lassen sie sich aber auch verschieben.
Die bisher festgestellten Eigenschaften wie
- Vorhandensein eines größten oder kleinsten Funktionswerts,
- Öffnung nach oben oder unten,
- Steigen oder Fallen des Graphen links oder rechts vom Scheitelpunkt,
- Streckung oder Stauchung

hängen nur vom Faktor a ab und treten daher auch bei den verschobenen Parabeln auf.

1

a) Lege eine Wertetabelle an und zeichne den Graphen der Funktion
$x \mapsto y = 2x^2 - 8x + 9 \quad \text{für } 0 \leq x \leq 4.$

b) Lies die Koordinaten des Scheitelpunkts ab.

c) Um welchen Faktor ist der Graph gegenüber der Normalparabel gestreckt oder gestaucht?

d) Zeichne in dasselbe Koordinatensystem den Graphen der Funktion
$x \mapsto y = 2(x-2)^2 + 1$. Was fällt dir auf?

> Der Graph der **allgemeinen quadratischen Funktion**
>
> $x \mapsto y = ax^2 + bx + c, \quad a, b, c \in \mathbb{Q}, \ a \neq 0$
>
> ist eine Parabel.

Um eine solche beliebige Parabel zeichnen zu können, muss man eine Wertetabelle anlegen. Dabei taucht die Frage auf, mit welchem Wert man anfangen soll. Denn natürlich wollen wir ja nur solche Punkte herausbekommen, die wir in unser Koordinatensystem einzeichnen können, ohne mit dem Maßstab oder der Lage der Parabel im Koordinatensystem Probleme zu bekommen. Darüber hinaus ist es natürlich wichtig, den Scheitelpunkt zu finden.

Sinnvollerweise wollen wir daher in Zukunft immer den Scheitelpunkt zuerst bestimmen. Dazu formen wir die Funktionsgleichung von der allgemeinen zur Scheitelform um.

Die **Scheitelform** lautet: $x \mapsto y = a(x - x_s)^2 + y_s$

mit dem Scheitelpunkt $S(x_s|y_s)$.

Dabei hilft uns die dir schon bekannte Methode der quadratischen Ergänzung:

1. Beispiel: $y = 2x^2 - 8x + 9$

$= 2[x^2 - 4x + 4{,}5]$ — Faktor vor x^2 ausklammern

$= 2[x^2 - 4x + 4 + 4{,}5 - 4]$ — Quadrat. Ergänzung

$= 2[(x-2)^2 + 0{,}5]$ — Binom. Formel anwenden

$= 2(x-2)^2 + 1$ — Eckige Klammer auflösen

$S(2|1)$ — Scheitelpunkt ablesen

2. Beispiel: $y = -3x^2 + 18x - 29$ — ACHTUNG Vorzeichen!

$= -3\left[x^2 - 6x + \frac{29}{3}\right]$ — Du musst so ausklammern, dass x^2 in der eckigen Klammer allein steht.

$= -3\left[x^2 - 6x + 9 + \frac{29}{3} - 9\right]$

$= -3\left[(x-3)^2 + \frac{2}{3}\right]$

$= -3(x-3)^2 - 2$

$S(3|-2)$

2 Bestimme ebenso den Scheitelpunkt der Parabeln:

a) $x \mapsto y = 2x^2 - 4x + 4$ **b)** $x \mapsto y = 4x^2 - 24x + 31$ **c)** $x \mapsto y = -2x^2 - 6x - 10{,}5$

d) $x \mapsto y = -3x^2 - 30x - 55$ **e)** $x \mapsto y = 5x^2 + 30x + 36$ **f)** $x \mapsto y = -8x^2 + 16x + 4$

3

a) Bestimme den Scheitelpunkt der Funktion $x \mapsto y = 1{,}5x^2 + 6x + 3$.

b) Berechne die Funktionswerte zu den x-Werten, die jeweils um eine Einheit rechts und links vom Scheitelpunkt entfernt liegen. Was fällt dabei auf?

c) Berechne ebenso weitere Funktionswerte, indem du x-Werte einsetzt, die zwei bzw. drei Einheiten vom Scheitelpunkt entfernt liegen.

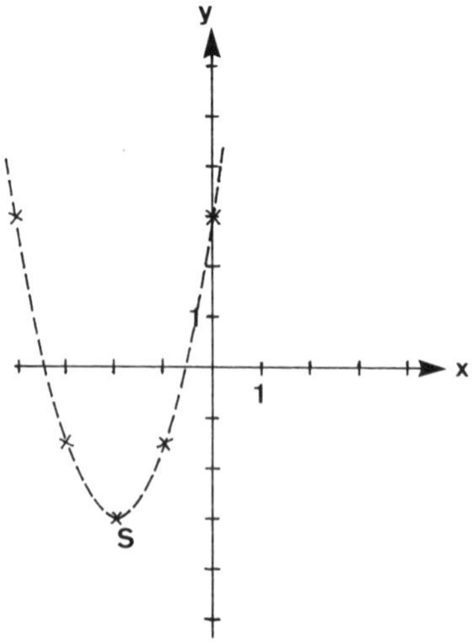

d) Zeichne den Graphen.

4

Zeichne den Graphen der Funktion $x \mapsto y = 2x^2 + 8x + 3$.

- Scheitelpunkt bestimmen
- Punkte berechnen, die rechts und links vom Scheitelpunkt liegen (Symmetrie berücksichtigen!)
- Graph zeichnen

5

Zeichne ebenso die Graphen von

a) $x \mapsto y = -2x^2 - 4x + 1$

b) $x \mapsto y = -3x^2 + 12x - 4$

c) $x \mapsto y = \frac{1}{2}x^2 - 4x + 1$

d) $x \mapsto y = -1{,}2x^2 + 12x - 24$

6

Du siehst hier die Graphen der Funktionen

α) $x \mapsto y = \frac{1}{2}(x-4)^2 - 3$

β) $x \mapsto y = -\frac{1}{2}(x+4)^2$

γ) $x \mapsto y = -\frac{3}{2}(x-2)^2 + 5$

δ) $x \mapsto y = 2(x+1)^2 - 7$

ε) $x \mapsto y = (x+1)^2 - 7$

ζ) $x \mapsto y = 3x^2 - 8$

Welche Parabel gehört zu welcher Funktion?

a)

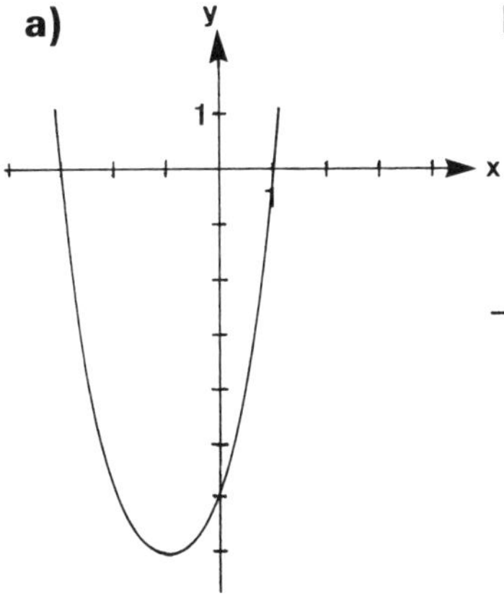

b)

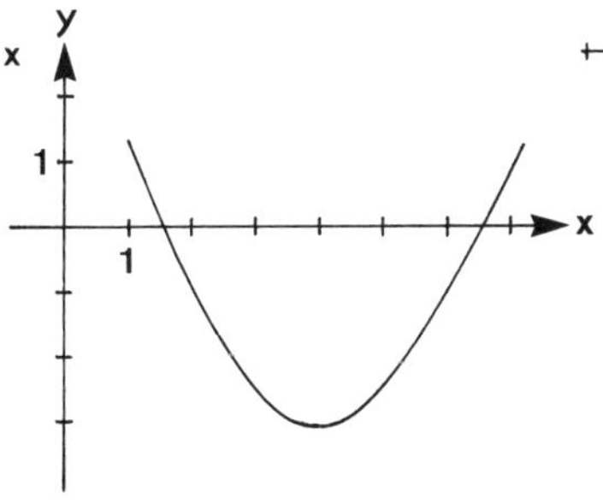

c)

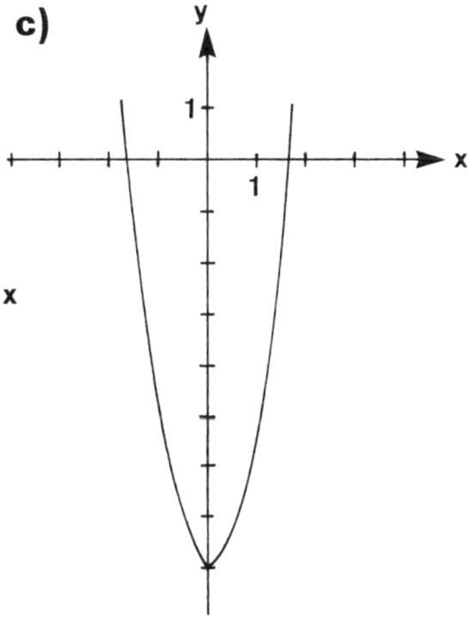

d)

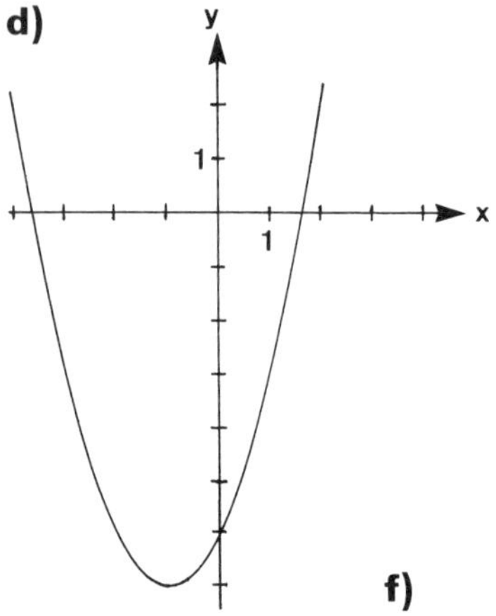

e)

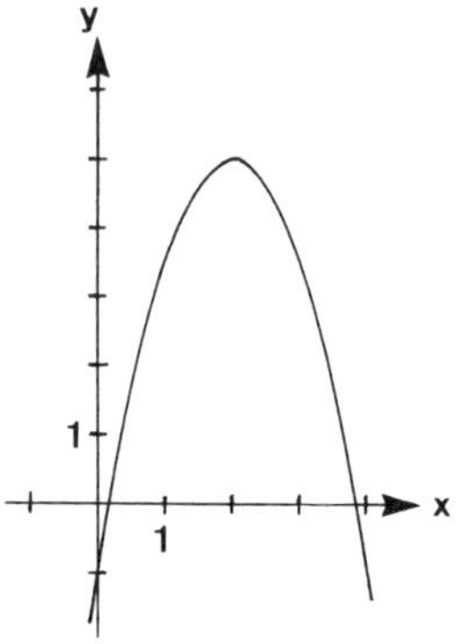

f)

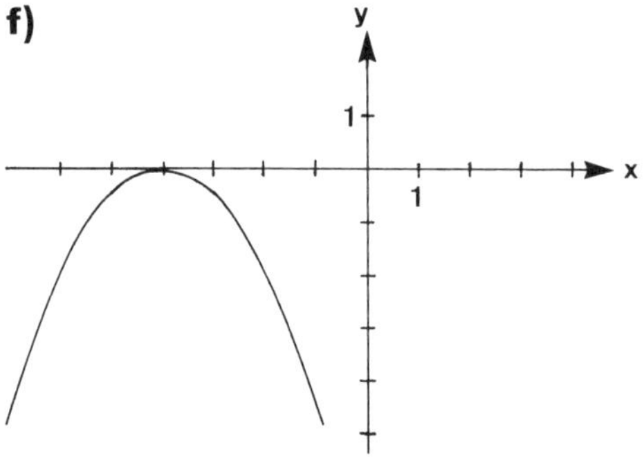

7

Ordne die Graphen den Funktionen zu. Forme – falls nötig – die Funktionsgleichung in die Scheitelform um.

α) $x \mapsto y = -3x^2 + 6x + 6$

β) $x \mapsto y = \frac{1}{3}x^2 - 2x$

γ) $x \mapsto y = \frac{4}{3}x^2 - 8x + 9$

δ) $x \mapsto y = -3x^2 - 6x + 6$

a)

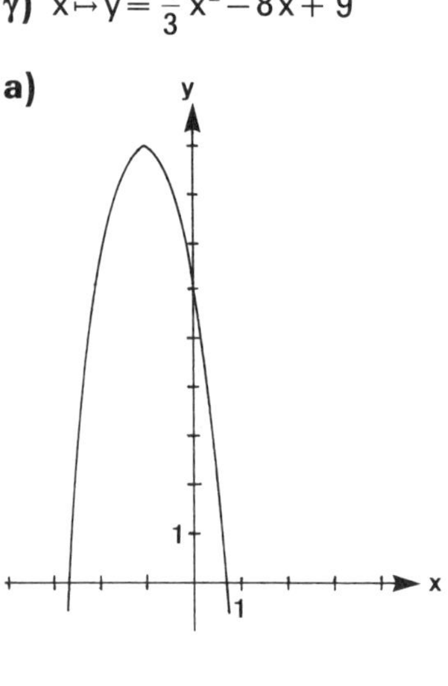

b)

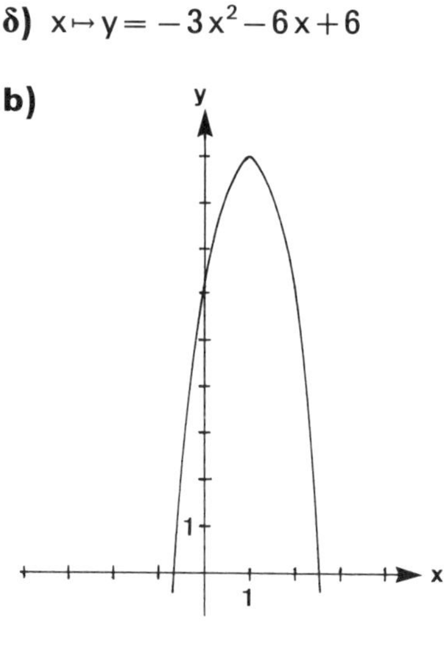

c)

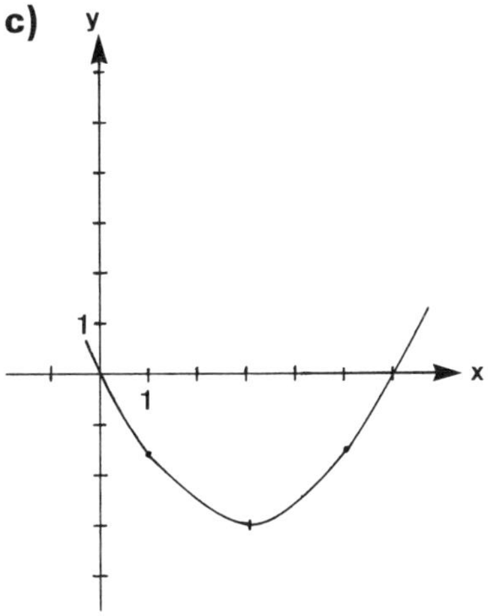

d)

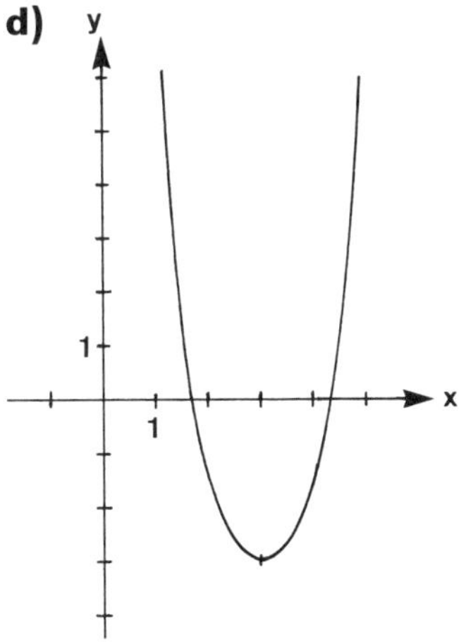

8

Bestimme das Maximum bzw. Minimum der Funktionen und gib die Stelle (den x-Wert) an, an der (dem) es auftritt.

a) $x \mapsto y = -5x^2 - 40x - 69$

b) $x \mapsto y = \frac{1}{4}x^2 - 3x$

c) $x \mapsto y = -x^2 - 5x - 6$

d) $x \mapsto y = 3x^2 + 78x + 517$

e) $x \mapsto y = 0{,}6x^2 - 6x + 3$

f) $x \mapsto y = -x^2 + 30x - 225$

9

Eine Parabel mit dem Scheitelpunkt S(3|7) sei um den Faktor 6 gegenüber der Normalparabel gestreckt. Wie lautet ihre Funktionsgleichung in allgemeiner Form?

a) Setze die Scheitelpunktkoordinaten und den Streckfaktor in die Scheitelform ein.

b) Multipliziere aus (binomische Formeln) und fasse zusammen.

10

Stelle ebenso die Funktionsgleichungen der Parabeln in allgemeiner Form auf.

a) S(0,5|9); Parabel nach unten geöffnet; Streckfaktor 8

b) S(−10|−22); Parabel nach oben geöffnet; mit Faktor 0,4 gestaucht

c) $S\left(-3\,\middle|\,\frac{1}{2}\right)$; Parabel nach unten geöffnet; mit Faktor $\frac{5}{6}$ gestaucht

11

Gegeben ist die Funktion $x \mapsto y = 2x^2 + 4x - 1$.

a) Wie lautet ihre Scheitelform?

b) Um zu prüfen, ob der Punkt P(1|5) auf der Parabel liegt, ergeben sich drei Möglichkeiten:

α) Zeichnen des Graphen.

β) Einsetzen der Koordinaten von P in die **Funktionsgleichung** in **allgemeiner Form** und Prüfen, ob sich eine wahre Aussage ergibt.

γ) Entsprechendes Einsetzen usw. in die **Scheitelform.**

Führe alle drei Möglichkeiten durch und überlege, welches der für dich einfachste Weg ist.

12

Liegt der Punkt P(3|7) auf der Parabel mit der Funktionsgleichung
$y = -3x^2 + 12x - 2$?
Wähle einen der drei möglichen Lösungswege.

13

Gegeben ist die Funktion $x \mapsto y = -\frac{1}{2}x^2 + 6x - 14$ sowie die Punkte P(2|−4), Q(6|4) und R(4|3).

a) Welcher der Punkte ist der Scheitelpunkt der Parabel?

b) Welcher Punkt liegt nicht auf der Parabel?

c) Überprüfe, ob der dritte Punkt auf der Parabel liegt.

Schnittpunkte mit den Koordinatenachsen

1

a) Zeichne den Graphen der Funktion
$x \mapsto y = \frac{1}{2}x^2 + x - 4$.

b) In welchen Punkten schneidet die Parabel die x-Achse des Koordinatensystems?

c) Überprüfe die Richtigkeit der abgelesenen Werte durch Einsetzen.

Die Punkte, in denen der Graph einer Funktion die x-Achse schneidet, heißen die **Nullstellen der Funktion.**

Der Begriff Nullstelle ist nicht nur auf die quadratischen Funktionen beschränkt, sondern wird auch bei allen anderen Funktionen verwendet.
Die Anzahl von Nullstellen kann jedoch unterschiedlich sein.
So hat z. B. die lineare Funktion (Gerade) in der Abbildung eine und die quadratische Funktion (Parabel) hier zwei Nullstellen.

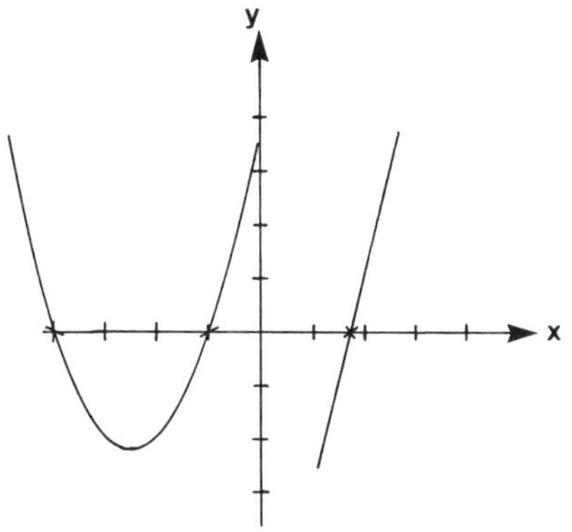

2

Zeichne die Graphen der Funktionen und lies die Nullstellen ab.

a) $x \mapsto y = 2x^2 - 8x + 6$

b) $x \mapsto y = x^2 - 4$

c) $x \mapsto y = -\frac{1}{3}x^2 + \frac{4}{3}x + \frac{5}{3}$

d) $x \mapsto y = -1{,}5x^2 + 12x$

3

Wie viele Nullstellen besitzen die Funktionen? Zeichne die Parabeln.

a) $x \mapsto y = 3x^2 - 6x + 4$

b) $x \mapsto y = -2x^2 + 12x - 18$

4

In welchem Punkt schneidet die Parabel mit der Funktionsgleichung
$y = \frac{1}{2}x^2 - 2x + 5$ die y-Achse?
Zeichne dazu den Graphen.

5

Ermittle die Schnittpunkte der Parabeln mit der y-Achse.

a) $x \mapsto y = x^2 - 6x + 15$

b) $x \mapsto y = 2x^2 + 8x + 5$

6

Zeichne den Graphen der Funktion $x \mapsto y = x^2 + 2x - 3$ und lies

a) die Nullstellen

b) den Schnittpunkt mit der y-Achse ab.

7

Gegeben ist der Scheitelpunkt einer Parabel S (5| − 8). Außerdem liege der Punkt P(6| − 4) auf der Parabel. Gesucht ist die Funktionsgleichung.

Wir setzen zunächst in die Scheitelform $y = a(x - x_s)^2 + y_s$ die Koordinaten des Scheitelpunkts ein und erhalten

$y = a(x - 5)^2 - 8.$

Da P(6| − 4) auf der Parabel liegt, müssen seine Koordinaten die Funktionsgleichung erfüllen. Wir setzen sie deshalb für x und y ein.

$-4 = a(6 - 5)^2 - 8$

Diese Gleichung hängt nun nur noch von a ab. Wir berechnen daraus a:

$-4 = a \cdot 1 - 8 \qquad 4 = a$

Die Scheitelform der gesuchten Funktionsgleichung lautet also:

$y = 4(x - 5)^2 - 8$

Bringe sie auf die allgemeine Form.

8

Wie lautet die Funktionsgleichung der Parabel mit S (− 6| − 5), die durch P(− 3|1) geht?

- Scheitelpunktkoordinaten in Scheitelform einsetzen
- Koordinaten von P für x und y einsetzen
- Gleichung nach a auflösen
- mit a, x_s und y_s Funktionsgleichung in Scheitelform aufstellen
- Funktionsgleichung in allgemeiner Form herstellen

9

Bestimme ebenso die Funktionsgleichung der Parabel mit Scheitelpunkt S, die durch den Punkt P geht.

a) S (4|1), P (2|13) **b)** S (1,5|18), P (3,5|14)

c) S (− 10| − 7), P (− 6| − 15) **d)** S (− 5| − 3), P (5|7)

4. Anwendungsaufgaben

Kleinste und größte Zahlen

1

Die Summe zweier positiver Zahlen sei 9. Bestimme darunter diejenigen Zahlen, deren Produkt am größten ist.

a) Wir nennen die beiden gesuchten Zahlen m und n. Fülle die Tabelle mit einigen Werten für m und n aus.

m	n	m·n
1	8	$1 \cdot 8 = 8$
2		
2,5		
6		
7		

b) Hat man die Zahl m gewählt, so liegt die Zahl n schon fest. Denn wegen $m+n=9$ muß ja $n=9-m$ sein.
Wir können nun den Kopf der Tabelle auch so schreiben:

m	9 − m	m·(9 − m)

Es wird also jeder Zahl m eine Zahl $m \cdot (9-m)$ zugeordnet.
Berechne noch weitere Werte der Funktion $x \mapsto y = x \cdot (9-x)$ und trage die entsprechenden Punkte in ein Koordinatensystem ein. (Einheit 0,5 cm)

c) Zeige, dass die Funktion $x \mapsto y = x \cdot (9-x)$ eine quadratische Funktion ist, schreibe ihre Funktionsgleichung in allgemeiner Form und bestimme ihren Scheitelpunkt.

d) Da der Graph der Funktion $x \mapsto y = -x^2 + 9x$ eine nach unten geöffnete Parabel ist, hat die Funktion im Scheitelpunkt ihren größten Funktionswert. Die eine der beiden gesuchten Zahlen muss demnach x_s sein. Wie lautet die andere?

e) Berechne das Produkt der beiden gesuchten Zahlen. Wo ist der Wert im Zusammenhang mit der Funktion schon einmal aufgetaucht?

2

Welche beiden positiven Zahlen, deren Summe

a) 5 **b)** 100 **c)** 1

ist, besitzen das größte Produkt?

- Zahlen so aufschreiben, dass sie nur von **einer** Variablen abhängig sind
- Funktion aufstellen (Produkt der Zahlen führt auf quadrat. Funktion)
- Scheitelpunkt $S(x_s|y_s)$ ermitteln
- erste Zahl ablesen (x_s) und zweite Zahl ausrechnen
- maximales Produkt (y_s) angeben

3

Bilde das Produkt

a) von 6 und der um 4 kleineren Zahl,

b) von 7 und der um 5 größeren Zahl,

c) von 3 und dem Vierfachen der um 2 größeren Zahl,

d) von 10 und dem Doppelten der um 3 kleineren Zahl,

e) von x und der um 7 größeren Zahl,

f) von p und der Hälfte der um 9 verkleinerten Zahl.

4

a) Schreibe das Produkt einer beliebigen Zahl x und der um 3 größeren Zahl auf.

b) Die Funktion $x \mapsto y = x \cdot (x+3)$ ist eine quadratische Funktion. Wie lautet die allgemeine Form und wie die Scheitelform?

c) Besitzt die Funktion einen größten oder einen kleinsten Funktionswert? Überlege dazu, ob der Graph nach oben oder unten geöffnet ist.

d) Für welche Zahl ist das in a) beschriebene Produkt am kleinsten? Wie groß ist dieses minimale Produkt?

5

Von welcher Zahl ist das Produkt mit der um 8 verkleinerten Zahl am kleinsten?

- quadratische Funktion aufstellen, die das gesuchte Produkt beschreibt
- Scheitelpunkt $S(x_s|y_s)$ ermitteln
- Zahl (x_s) und minimales Produkt (y_s) ablesen

6

Gib diejenige Zahl an, für die

a) das Produkt mit der um 6 kleineren Zahl,

b) das Doppelte des Produkts mit der um 4 größeren Zahl,

c) die Hälfte des Produkts mit der um 1 kleineren Zahl

minimal ist.
Wie groß ist das jeweilige Produkt?

Flächeninhalte von Rechtecken

1

Der Umfang eines Rechtecks betrage 24 cm.

a) Wir wollen zunächst die Seitenlängen einiger solcher Rechtecke ermitteln. Fülle dazu die Tabelle aus.

a	1 cm	2 cm	4 cm	7 cm	9 cm
b	11 cm				
$A = a \cdot b$					

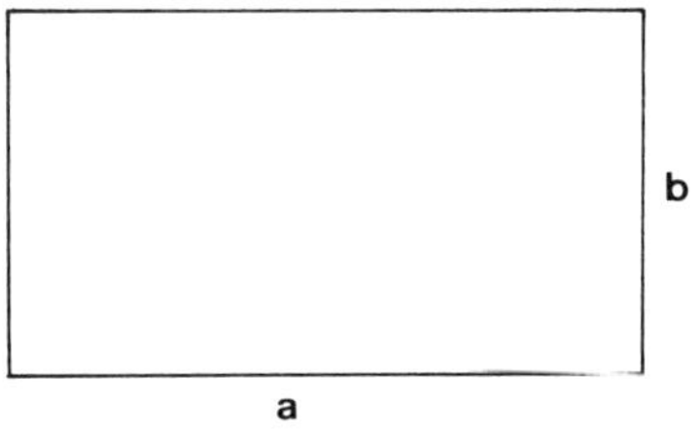

b) Für den Umfang u eines Rechtecks gilt $u = 2a + 2b$. Setze für u den Wert 24 cm ein und löse die Gleichung nach b auf.

c) Setze den für b ermittelten Term in die Gleichung $A = a \cdot b$ ein. Jeder Seitenlänge a wird nun eindeutig ein Flächeninhalt A zugeordnet. Die entsprechende Funktion lautet $x \mapsto y = x \cdot (12 - x)$.

d) Bestimme den Scheitelpunkt der Funktion.

e) Für welches x hat die Funktion den größten Funktionswert? Für welche Seitenlänge a hat das Rechteck demnach den größten Flächeninhalt? Wie groß ist b?

2

Berechne die Seitenlängen des Rechtecks vom Umfang $u = 30$ cm, das den größten Flächeninhalt besitzt. Gehe vor wie in Aufgabe 1.

3

In der Ecke zwischen Haus und Stall will Landwirt M. ein rechteckiges Stück Wiese für Hühner abteilen. Er hat dazu 18 m Maschendraht zur Verfügung und möchte damit eine möglichst große Fläche einzäunen.

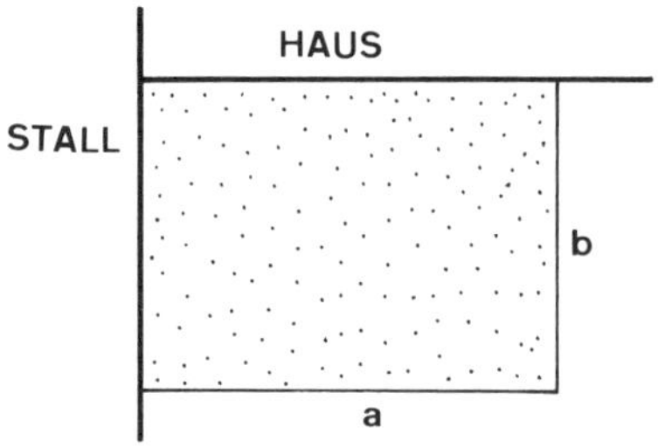

a) Stelle eine Formel für den Flächeninhalt des gesuchten Rechtecks auf, die nur noch a als Variable enthält.

b) Wie lautet die zugehörige quadratische Funktion, die der Rechtecksseite eindeutig einen Flächeninhalt zuordnet?

c) Berechne den Scheitelpunkt der Funktion.

d) Wie groß ist die eine Seitenlänge des gesuchten Rechtecks, und wie groß ist der maximale Flächeninhalt?

4

Landwirt S. möchte ebenfalls ein Stück seines Gartens für Hühner einzäunen. Als eine Seite seines Rechtecks benutzt er die Rückwand des Stalls. Wie groß sind die Seiten des größten Rechtecks, das er mit 20 m Maschendraht einzäunen kann?

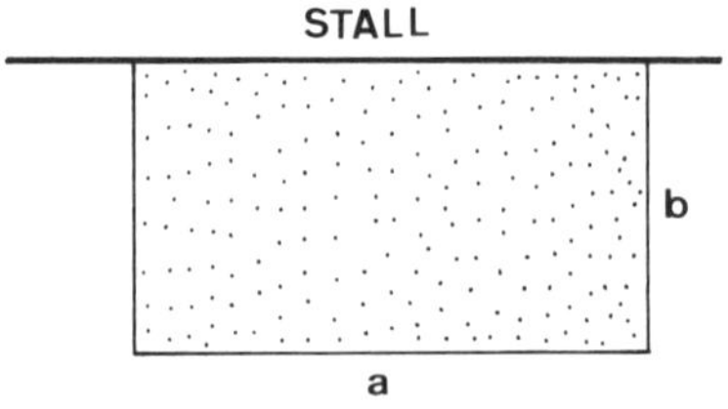

5

Ein Rechteck habe die Seiten $a = 14$ cm und $b = 8$ cm.

a) Wie groß ist sein Flächeninhalt?

b) Verkürze die längere Seite und verlängere die kürzere Seite um 1 cm. Wie lang sind jetzt die Seiten und wie groß ist der Flächeninhalt?

c) Die Rechteckseiten werden nun um x cm verkürzt bzw. verlängert. Schreibe den Flächeninhalt in Abhängigkeit von x auf.

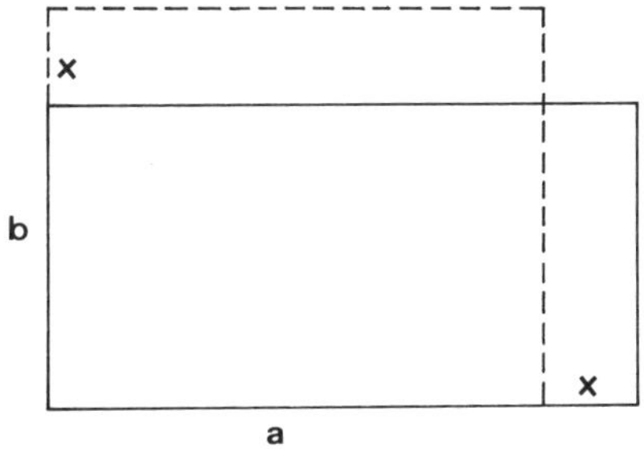

d) Jeder Verkürzung bzw. Verlängerung der Rechteckseiten wird der Flächeninhalt des entstandenen Rechtecks zugeordnet. Die zugehörige Funktion ist $x \mapsto y = (14 - x)(8 + x)$.
Bringe sie auf die allgemeine Form und auf die Scheitelform.

e) Für welchen x-Wert erreicht sie ihr Maximum?

f) Für welche Seitenlängen hat das Rechteck den größten Flächeninhalt und wie groß ist er?

6

Bei einem Rechteck mit den Seiten $a = 18$ cm und $b = 7$ cm wird die längere Seite um x cm verkürzt und die kürzere Seite um x cm verlängert.
Bei welcher Änderung ist der Flächeninhalt des Rechtecks maximal?
Gib die Seiten des maximalen Rechtecks und seinen Flächeninhalt an.

- quadratische Funktion aufstellen, die die Veränderung der Seiten beschreibt
- Scheitelpunkt $S(x_s|y_s)$ bestimmen
- günstigste Veränderung (x_s) ablesen und die Seiten des zugehörigen Rechtecks bestimmen
- maximalen Flächeninhalt (y_s) ablesen

7

Um wie viel cm muss man die längere Seite eines Rechtecks mit $a = 15$ cm und $b = 9$ cm verkürzen und die kürzere Seite verlängern, damit sich das Rechteck mit dem maximalen Flächeninhalt ergibt?

8

a) Zeichne den Graphen der Funktion $x \mapsto y = -x + 5$.

b) Wie lang sind die Seiten des eingezeichneten Rechtecks, und wie groß ist sein Flächeninhalt?

c) Zeichne zwei weitere derartige Rechtecke ein und berechne ihre Flächeninhalte. Beachte dabei, dass zwei Seiten auf den Koordinatenachsen und ein Eckpunkt auf der Geraden liegen.

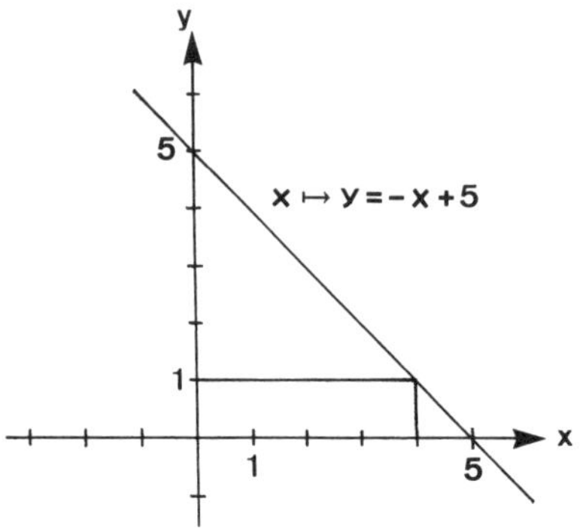

9

Gesucht ist nun das Rechteck mit dem größten Flächeninhalt aus Aufgabe **8**.

a) Mit den in der Abbildung verwendeten Bezeichnungen ist klar, dass sich der Flächeninhalt jedes Rechtecks als $A = x \cdot y$ ergibt.
Der Punkt P liegt auf der Geraden mit der Gleichung $y = -x + 5$.
Wie lautet also seine y-Koordinate?
Drücke damit den Flächeninhalt in Abhängigkeit von x aus.

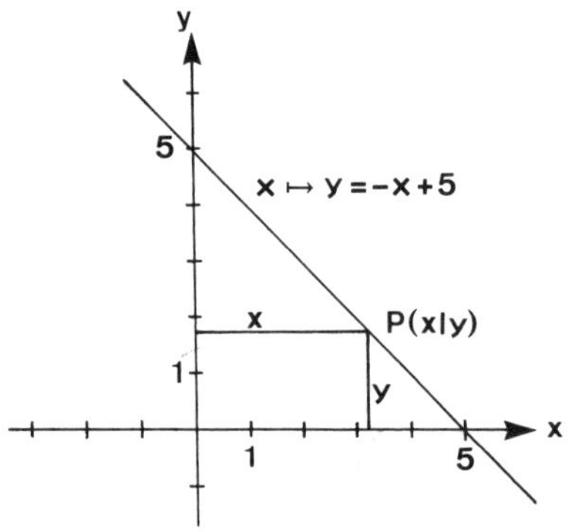

b) Jeder Rechteckseite x wird ein Flächeninhalt zugeordnet. Schreibe die zugehörige Funktion in der allgemeinen Form und berechne dann ihren Scheitelpunkt.

c) Welche Seiten hat das maximale Rechteck und wie groß ist sein Flächeninhalt?

10

Zeichne die Gerade mit der Funktionsgleichung $y = -x + 3$.

Bestimme die Seiten und den Flächeninhalt des größten Rechtecks, von dem zwei Seiten auf den Koordinatenachsen und ein Punkt auf der Geraden liegt.

- Zeichnung anfertigen und Rechteckseiten mit x und y bezeichnen
- Flächeninhalt in Abhängigkeit von x angeben; dazu für y den Funktionsterm der Geraden einsetzen
- quadratische Funktion in allgemeine Form bringen
- Scheitelpunkt $S(x_s|y_s)$ bestimmen
- günstigste Seitenlänge (x_s) und maximalen Flächeninhalt (y_s) ablesen

Bei den letzten Aufgaben waren immer wieder Rechtecke mit maximalem Flächeninhalt gesucht. Es stellte sich heraus, dass das „günstigste" Rechteck ein Quadrat war.
Dies war kein Zufall und unterstreicht die besondere Stellung des Quadrats unter den Vierecken.

(*) 11

Mache dasselbe für die Geraden

a) $x \mapsto y = -2x + 7$

b) $x \mapsto y = -\frac{1}{2}x + 3$

(*) Aus der Wirtschaft

1

Eine Firma verkauft pro Monat 1000 Stück eines Artikels zum Preis von 15 DM. Man kann damit rechnen, dass bei einem Preisnachlass von 0,1 DM 10 Stück, von 0,2 DM 20 Stück usw. mehr verkauft würden.

a) Stelle den Zusammenhang zwischen Preisnachlass und höheren Verkaufszahlen in der folgenden Tabelle dar:

Stückpreis	Anzahl verkaufter Stücke pro Monat	Einnahme pro Monat
15 DM	1000	15000 DM
14,90 DM		
⋮		

b) Gib jeweils einen Term in Abhängigkeit von x an, der die Veränderung von Stückpreis und Anzahl verkaufter Stücke beschreibt.

c) Multipliziert man die Terme aus b), so ergibt sich eine Funktion, die die Entwicklung der Einnahmen bschreibt. Zeige, dass es sich dabei um die Funktion $x \mapsto y = -x^2 + 50x + 15000$ handelt.

d) Bestimme den Scheitelpunkt und lies daraus ab, für welches x die höchste Einnahme zu erwarten ist. Welcher Preis ist demnach zu verlangen und wie viel Stück werden voraussichtlich abgesetzt?

2

Ein Betrieb produziert Teile zum Verkaufspreis von 50 DM pro Stück. An einem Arbeitstag entstehen feste Kosten von 1000 DM und zusätzliche Kosten von $0{,}02x^2$ DM (abhängig von der Stückzahl).

a) Fülle die Tabelle aus:

Stückzahl	Einnahme	Festkosten	zusätzl. Kosten	Gewinn
100	5000 DM	1000 DM	200 DM	3800 DM
200				
500				
1000				
2000				

b) Welche Funktion beschreibt den Gewinn?

c) Bestimme ihren Scheitelpunkt. Bei welcher Stückzahl ist der Gewinn am höchsten? Wie groß ist der maximale Gewinn?

3

Eine Firma stellt Artikel her, die sie zum Stückpreis von 100 DM verkauft. Täglich fallen Festkosten in Höhe von 8000 DM und zusätzliche Kosten von $0{,}05x^2$ DM an.
Bei welcher Stückzahl wird der maximale Gewinn erzielt?
Wie hoch ist er?

Test

1

Zeichne die Graphen der Funktionen

a) $x \mapsto y = 2x^2 - 16x + 29$

b) $x \mapsto y = -\frac{1}{2}x^2 + x + 2$

2

Bestimme das Maximum bzw. das Minimum der Funktionen

a) $x \mapsto y = -3x^2 + 6x + 6$

b) $x \mapsto y = 0{,}5x^2 - 6x + 14$

Prüfe, ob der Punkt $P(2|4)$ auf einem der beiden Funktionsgraphen liegt.

3

Eine nach oben geöffnete Parabel ist um den Faktor 1,5 gegenüber der Normalparabel gestreckt. Ihr Scheitelpunkt ist $S(2|-7)$.

a) Bestimme die allgemeine Form ihrer Funktionsgleichung.

b) Wie lautet die Funktionsgleichung, wenn die Parabel zusätzlich an der x-Achse gespiegelt wurde?

4

Gib die Zahl an, für die das Doppelte des Produkts mit der um 4 kleineren Zahl minimal ist. Wie groß ist das minimale Produkt?

II. Quadratische Gleichungen

1. Rein-quadratische Gleichungen

1

a) Zeichne den Graphen der Funktion

$x \mapsto y = x^2 - 4$.

b) Lies ihre Nullstellen ab. Mache die Probe, indem du die Koordinaten der Nullstellen in die Funktionsgleichung einsetzt und prüfst, ob sich eine wahre Aussage ergibt.

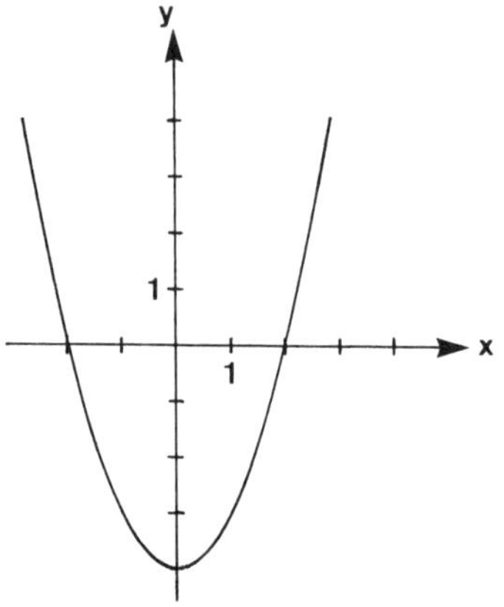

2

Die Gleichung $x^2 - 4 = 0$ ist eine **rein-quadratische Gleichung,** da die Variable x **nur** als Quadrat vorkommt.

Welche Zahlen sind Lösungen der Gleichung?
Vergleiche dein Ergebnis mit Aufgabe 1. Was stellst du fest?

Offensichtlich gibt es einen Zusammenhang zwischen den Nullstellen einer quadratischen Funktion und den Lösungen der zugehörigen quadratischen Gleichung.

3

Zeichne die Graphen der Funktionen und lies ihre Nullstellen ab. Wie lauten die zugehörigen quadratischen Gleichungen und welches sind ihre Lösungen?

a) $x \mapsto y = x^2 - 2{,}25$

b) $x \mapsto y = x^2 - 4x + 4$

c) $x \mapsto y = x^2$

d) $x \mapsto y = x^2 + 1$

In Aufgabe 3 wird anschaulich klar, dass eine quadratische Funktion zwei, eine oder keine Nullstelle besitzen kann. Entsprechend hat die jeweils dazugehörige quadratische Gleichung zwei, eine oder keine Lösung. Die Anzahl der Nullstellen hängt wiederum von der Lage der Parabel im Koordinatensystem ab:

α) 2 Nullstellen:

Scheitelpunkt unterhalb der x-Achse und Parabel nach oben geöffnet oder Scheitelpunkt oberhalb der x-Achse und Parabel nach unten geöffnet

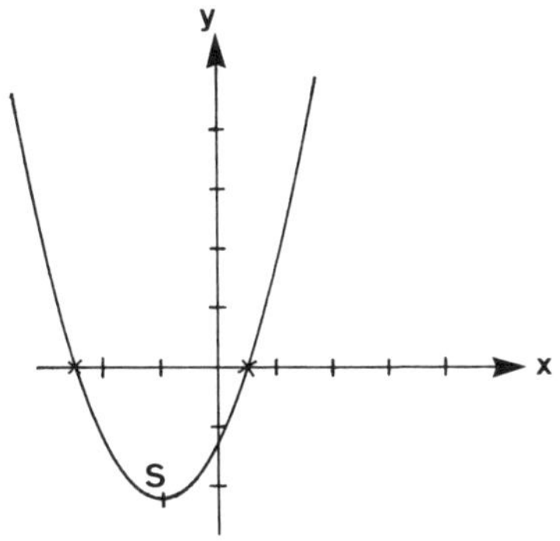

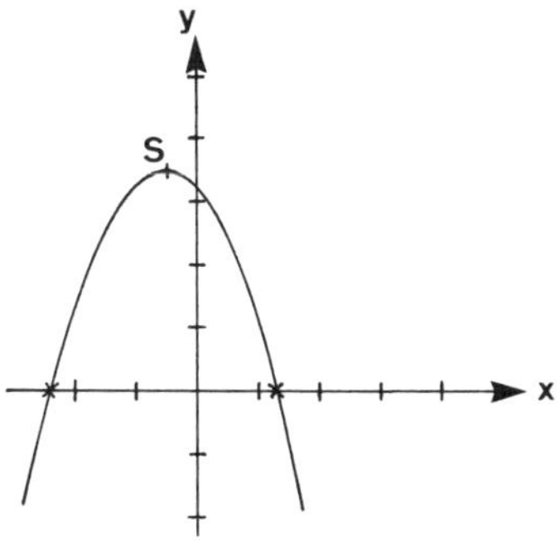

β) 1 Nullstelle:

Scheitelpunkt auf der x-Achse

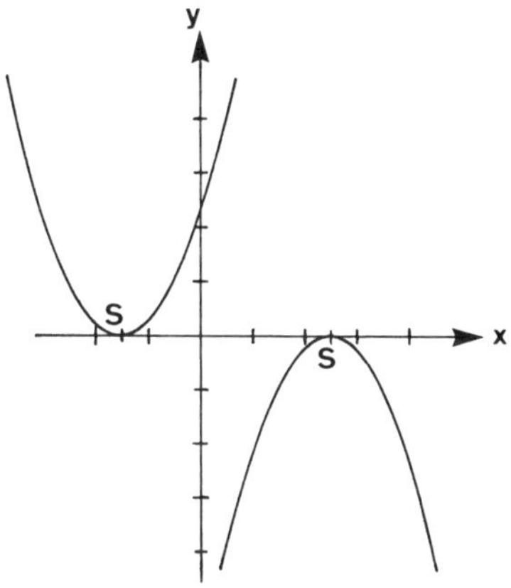

γ) keine Nullstelle:

Scheitelpunkt oberhalb der x-Achse und Parabel nach oben geöffnet oder Scheitelpunkt unterhalb der x-Achse und Parabel nach unten geöffnet

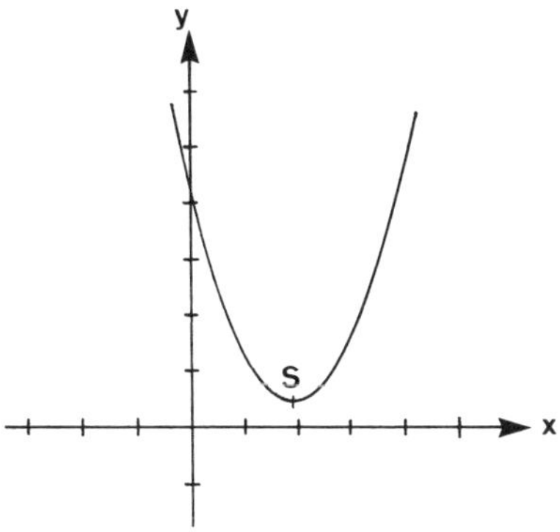

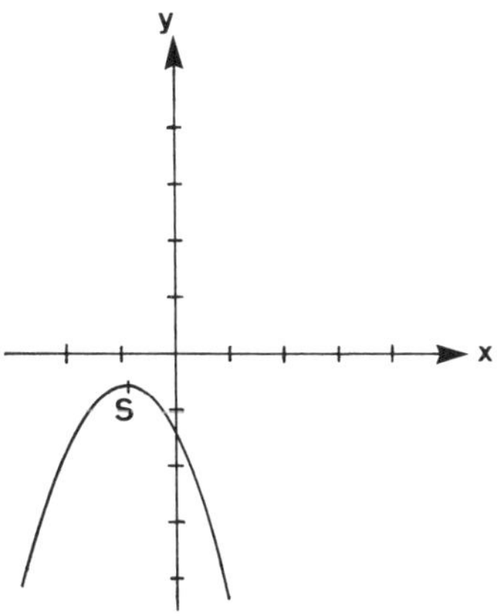

Man kann natürlich die Lösungen der rein-quadratischen Gleichung $x^2-4=0$ auch rechnerisch bestimmen.
Dabei bieten sich grundsätzlich zwei Möglichkeiten an:

1. Methode: Faktorisieren

$x^2-4=0$

$(x+2)\cdot(x-2)=0$ — Verwendung der 3. binomischen Formel

$x+2=0$ oder $x-2=0$ — Ein Produkt ist Null, wenn einer der Faktoren gleich Null ist.

$x=-2$ oder $x=2$

$L=\{-2;\,2\}$

2. Methode: Wurzelziehen

$x^2-4=0 \quad |+4$

$x^2=4$ — Nach x^2 auflösen.

$x=-2$ oder $x=2$ — Denn es ist sowohl $(-2)^2=4$ als auch $2^2=4$.

$L=\{-2;\,2\}$

Beachte! Das Wurzelziehen ist keine Äquivalenzumformung. Deshalb kann man die Gleichung $x^2=4$ nicht äquivalent umformen zu $x=2$! Stattdessen ergibt sich die **Betragsgleichung** $|x|=2$. Die hat jedoch die Lösungen $x=2$ oder $x=-2$!

4

Bestimme rechnerisch die Lösungsmenge. Benutze dabei beide Methoden.

a) $x^2-64=0$ **b)** $x^2-121=0$ **c)** $x^2-0{,}09=0$

d) $x^2-12{,}25=0$ **e)** $x^2-\frac{4}{9}=0$ **f)** $x^2-\frac{25}{49}=0$

5

Die Gleichung $x^2=4$ hat die Lösungen $x=2$ oder $x=-2$, weil $2^2=4$ und $(-2)^2=4$ gilt.
Wie verhält es sich mit der Gleichung $x^2=-4$?
Findest du x-Werte, die, wenn man sie quadriert, -4 ergeben?

6

Wie viele Lösungen besitzen die folgenden Gleichungen? Berechne sie.

a) $x^2-1=0$ **b)** $x^2+4=0$ **c)** $x^2=36$

d) $x^2=0$ **e)** $x^2=-9$ **f)** $x^2-9=0$

Wir haben bisher als Lösungen quadratischer Gleichungen immer rationale Zahlen gehabt. Ebenso können aber auch irrationale Zahlen als Lösungen auftauchen. Möglicherweise hast du schon einmal bei der Einführung der Wurzeln die Gleichung

$x^2=2$ betrachtet.

Wir können die Lösungsmenge auch hier auf zwei Arten ermitteln:

1.

$$x^2-2=0$$
$$(x+\sqrt{2})\cdot(x-\sqrt{2})=0$$
$$x+\sqrt{2}=0 \text{ oder } x-\sqrt{2}=0$$
$$x=-\sqrt{2} \text{ oder } x=\sqrt{2}$$
$$L=\{-\sqrt{2};\sqrt{2}\}$$

2.

$$x^2=2$$
$$x=-\sqrt{2} \text{ oder } x=\sqrt{2}$$
$$L=\{-\sqrt{2};\sqrt{2}\}$$

Wir wollen uns in Zukunft nur noch auf die zweite Lösungsmethode beschränken, da sie im allgemeinen kürzer ist.

7 Bestimme ebenso die Lösungsmengen der Gleichungen:

a) $x^2-3=0$ **b)** $x^2-8=0$ **c)** $x^2+5=0$

d) $x^2-0{,}2=0$ **e)** $x^2-\frac{1}{2}=0$ **f)** $x^2=1000$

g) $x^2=-99$ **h)** $x^2=324$ **i)** $x^2=\frac{2}{9}$

Auch die Gleichung $2x^2+6=24$ können wir schon lösen:

$$\left.\begin{aligned} 2x^2+6&=24 \quad |-6 \\ 2x^2&=18 \quad |:2 \end{aligned}\right\} \text{nach } x^2 \text{ auflösen}$$
$$x^2=9$$

$$x=-3 \text{ oder } x=3$$
$$L=\{-3;3\}$$

Probe:

$$2(-3)^2+6=24 \qquad\qquad 2\cdot 3^2+6=24$$
$$2\cdot 9+6=24 \qquad\qquad 2\cdot 9+6=24$$
$$18+6=24 \text{ wahre Aussage} \qquad 18+6=24 \text{ wahre Aussage}$$

Um die **rein-quadratische Gleichung** $ax^2+c=d$; $a, c, d \in \mathbb{R}$, $a \neq 0$ zu lösen, bringen wir sie auf die Form $x^2=e$.

Ist dabei $e>0$, so hat die Gleichung **zwei** Lösungen, nämlich $\sqrt{e}$ und $-\sqrt{e}$.
Ist $e=0$, so hat die Gleichung **eine** Lösung, nämlich 0.
Ist $e<0$, so besitzt die Gleichung **keine** Lösung.

8

Bestimme die Lösungsmenge und mache die Probe:

a) $3x^2-60=15$

b) $\frac{1}{2}x^2+2=-3$

c) $6x^2+4=4$

d) $4x^2-1=0$

e) $10-2x^2=14$

f) $4-\frac{1}{2}x^2=1$

g) $3x^2+2=1$

h) $8x^2-1=1$

i) $x^2+1=-2$

9

Bestimme die Lösungsmenge:

a) $14a^2-20=9a^2$

b) $0{,}1x^2-0{,}2=0{,}3$

c) $z^2-36=4-z^2$

d) $56-13t^2=4$

e) $1-r^2=1-2r^2$

f) $1=9-4p^2$

g) $\frac{1}{2}x^2+\frac{1}{3}=\frac{1}{4}$

h) $\frac{1}{3}-\frac{1}{2}x^2=\frac{1}{4}$

10

Bestimme die Lösungsmenge der Gleichungen. Forme sie zunächst in rein-quadratische Gleichungen um.

a) $(x-3)\cdot(x+3)=7$

b) $(x+4)^2=8x$

c) $(2-x)\cdot(x+3)=5-x$

d) $(x+5)\cdot x=5x$

e) $(x+1)^2+(x+4)^2=x^2+(x+2)^2+(x+3)^2$

2. Gemischt-quadratische Gleichungen

Lösen durch Ausklammern

Die **allgemeine quadratische Gleichung** hat die Form $ax^2+bx+c=0$ mit $a, b, c \in \mathbb{R}$, $a \neq 0$.

Dabei heißt der Term ax^2 das **quadratische** Glied,
bx das **lineare** Glied und
c das **absolute** Glied.

Die im vorigen Kapitel untersuchte rein-quadratische Gleichung ist ein Sonderfall der allgemeinen quadratischen Gleichung. Bei der rein-quadratischen Gleichung fehlt das lineare Glied (hier: $b=0$).

Bevor wir ein allgemeines Lösungsverfahren entwickeln, werden wir noch den Sonderfall $c=0$ (Fehlen des absoluten Gliedes) betrachten.

1

Gegeben ist die quadratische Gleichung $x^2+3x=0$.

a) Klammere auf der linken Seite der Gleichung den Faktor x aus.

b) Berechne nun die beiden Lösungen. Bedenke dabei, dass ein Produkt genau dann Null wird, wenn mindestens einer der Faktoren Null ist.

2

Berechne die Lösungen der Gleichung $x^2-7x=0$, indem du zunächst wieder den Faktor x ausklammerst und dann die beiden Faktoren betrachtest. Vergleiche die Lösungen mit denen von Aufgabe 1.

3

Berechne genauso die Lösungsmenge der Gleichungen

a) $2x^2-8x=0$　　**b)** $\frac{2}{3}x^2+6x=0$

Dividiere zunächst durch den Faktor vor dem x^2.
Welche Lösung ist auch schon bei den ersten beiden Aufgaben aufgetaucht?

Bei der Gleichung der Form $ax^2+bx=0$ fehlt im Gegensatz zur allgemeinen quadratischen Gleichung das absolute Glied ($c=0$). Die beiden Lösungen ermittelt man durch Ausklammern.
Eine der Lösungen ist **immer** 0!

4

Gegeben sind die Graphen der quadratischen Funktionen

α) $x \mapsto y=2x^2-6x$

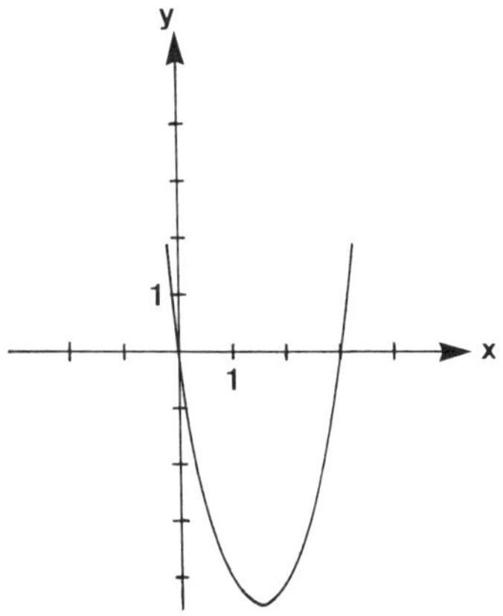

β) $x \mapsto y=-x^2-4x$

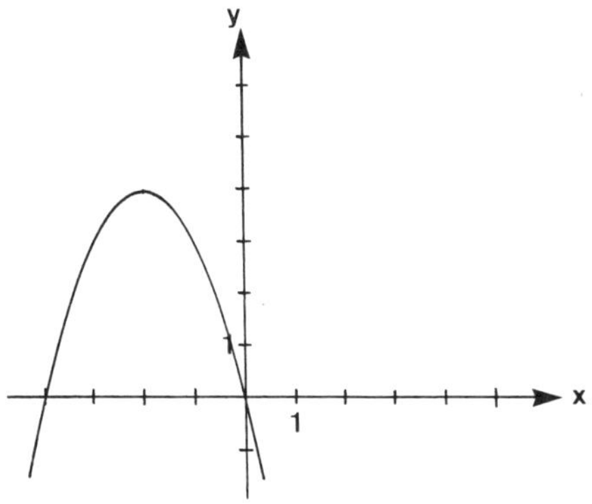

a) Lies ihre Nullstellen ab. Durch welchen Punkt gehen beide Graphen?

b) Wie lauten die Lösungen der quadratischen Gleichungen $2x^2-6x=0$ und $-x^2-4x=0$?

5

Bestimme die Lösungsmenge:

a) $4x^2+12x=0$ **b)** $6x+1{,}2x^2=0$ **c)** $x^2-x=0$

d) $-14x^2+56x=0$ **e)** $x^2=2x$ **f)** $x^2=0{,}5x$

g) $\frac{3}{4}x^2-\frac{2}{3}x=0$ **h)** $\frac{5}{9}x=x^2$

6

Gegeben ist die quadratische Gleichung $ax^2+bx=0$ mit $a, b \in \mathbb{Q}$, $a \neq 0$.

a) Dividiere die Gleichung durch a.

b) Klammere den Faktor x aus und zeige, dass $L=\left\{-\frac{b}{a};\, 0\right\}$ die Lösungsmenge

c) Bestimme unter Benutzung von b) die Lösungsmenge der Gleichung $3x^2+5x=0$.

Schreibe dazu $a=$ __3__ , $b=$ ____, also $L=\{$____ ; ____$\}$.

7

Wie lautet jeweils die Lösungsmenge der folgenden Gleichungen? Benutze das Ergebnis von Aufgabe **6**.

a) $9x^2-6x=0$ **b)** $2{,}5x^2+6{,}25x=0$ **c)** $x^2+x=0$

Lösen durch quadratische Ergänzung

Unser nächstes Ziel ist es, ein Lösungsverfahren zu entwickeln, um allgemeine quadratische Gleichungen wie $x^2-6x+8=0$ lösen zu können.
Bisher haben wir als Methoden
das **Ausklammern** bei gemischt-quadratischen Gleichungen ohne absolutes Glied
und das **direkte Wuzelziehen** bei rein-quadratischen Gleichungen kennengelernt.

1

Das direkte Wurzelziehen kann man natürlich auch bei Gleichungen anwenden wie $(x-3)^2=4$.

Dabei ist entscheidend, dass auf der linken Seite der Gleichung ein vollständiges Quadrat steht. Durch Ziehen der Wurzel erhalten wir

$x-3=2$ oder $x-3=-2$.

Somit $x=5$ oder $x=1$.

Überprüfe diese Werte durch Einsetzen in $(x-3)^2=4$.

2 Löse ebenso:

a) $(x-5)^2=16$ **b)** $(x-3{,}2)^2=1{,}44$ **c)** $(x+2)^2=1$

d) $(x+1)^2=\frac{1}{9}$ **e)** $(x-7)^2=3$ **f)** $(x+4)^2=5$

Leider ist bei $x^2-6x+8=0$ oder anders geschrieben $x^2-6x=-8$ der Term vor dem Gleichheitszeichen kein vollständiges Quadrat.
Wir können jedoch die Gleichung so umformen, dass wir auf der linken Seite ein vollständiges Quadrat erhalten.

Dazu benutzen wir die dir schon aus dem Kapitel „Quadratische Funktionen“ bekannte Methode der **quadratischen Ergänzung.**

Beispiel: Der Term x^2-6x soll so ergänzt werden, dass man unter Verwendung der binomischen Formeln ein vollständiges Quadrat erhält:

x^2-6x

$x^2-6x+\left(\frac{6}{2}\right)^2=\left(x-\frac{6}{2}\right)^2$

Die quadratische Ergänzung wäre also $\left(\frac{6}{2}\right)^2=3^2=9$.

Den zu ergänzenden Term findet man so:

Für die Anwendung der binomischen Formel
$x^2-2bx+b^2=(x-b)^2$ $\qquad x^2-6x+\_\_\_\_=(x-\_\_)^2$
fehlt uns der Term b^2.

Wir ermitteln b aus dem Term $2bx$. $\qquad 2b=6$, somit $b=\frac{6}{2}=3$.

3

Gib die Terme an, die für die quadratische Ergänzung benötigt werden:

a) x^2+8x **b)** x^2-7x **c)** x^2+x

d) $x^2-2{,}4x$ **e)** $x^2-0{,}2x$ **f)** $x^2+\frac{2}{3}x$

Wir wollen nun die oben angegebene Gleichung $x^2-6x+8=0$ lösen.

$x^2-6x+8=0 \qquad |-8$

$x^2-6x \quad =-8 \qquad |+\left(\frac{6}{2}\right)^2=3^2=9$ quadrat. Ergänzung

$x^2-6x+9=-8+9$

$(x-3)^2=1$ binom. Formel

Hiermit haben wir erreicht, dass die linke Seite ein vollständiges Quadrat darstellt.

$x-3=1$ oder $x-3=-1$ Wurzel ziehen
$x=4$ oder $x=2$
$L=\{4;\,2\}$

Probe: $4^2-6\cdot 4+8=16-24+8=0$
$2^2-6\cdot 2+8=4-12+8=0$

4

Löse ebenso die Gleichungen und mache die Probe.

a) $x^2+4x+3=0$ **b)** $x^2-5x+6=0$

c) $x^2-10x+21=0$ **d)** $x^2+9x+20=0$

Bei allen quadratischen Gleichungen kann die Lösungsmenge aus zwei, einem oder gar keinem Element bestehen (vgl. die rein-quadratischen Gleichungen). Sieh dir dazu die folgenden Musteraufgaben an.

Beispiel 1:

$$x^2-3x-4=0 \quad | +4$$

$$x^2-3x=4 \quad \Big| +\left(\frac{3}{2}\right)^2$$

$$x^2-3x+\left(\frac{3}{2}\right)^2=4+\left(\frac{3}{2}\right)^2 \qquad \text{quadrat. Ergänzung}$$

$$\left(x-\frac{3}{2}\right)^2=\frac{25}{4} \qquad \text{binom. Formel}$$

$$x-\frac{3}{2}=\frac{5}{2} \text{ oder } x-\frac{3}{2}=-\frac{5}{2} \qquad \text{Wurzel ziehen}$$

$$x=4 \text{ oder } x=-1$$

$$L=\{4;\ -1\}$$

Probe: $4^2-3\cdot4-4=16-12-4=0$
$(-1)^2-3\cdot(-1)-4=1+3-4=0$

Beispiel 2: $x^2+10x+25=0$

Die linke Seite lässt sich schon als Quadrat schreiben, daher ist eine quadratische Ergänzung hier nicht erforderlich.

$$(x+5)^2=0 \qquad \text{Wurzel ziehen}$$

$$x+5=0$$

$$x=-5$$

$$L=\{-5\}$$

Probe: $(-5)^2+10(-5)+25=25-50+25=0$

Beispiel 3:

$$x^2+3x+5=0 \quad | -5$$

$$x^2+3x=-5 \quad \Big| +\left(\frac{3}{2}\right)^2$$

$$x^2+3x+\left(\frac{3}{2}\right)^2=-5+\left(\frac{3}{2}\right)^2 \qquad \text{quadrat. Ergänzung}$$

$$\left(x+\frac{3}{2}\right)^2=-\frac{11}{4}$$

Wurzel ziehen unmöglich, da auf der rechten Seite eine negative Zahl steht.

$$L=\{\ \}$$

5

Löse die quadratischen Gleichungen wie in den Beispielen. Mache auch die Probe.

a) $x^2-7x+10=0$ **b)** $x^2+2x-3=0$

c) $x^2-2x-24=0$

d) $x^2-4x+4=0$

e) $x^2-x-2=0$

f) $x^2+x+5=0$

g) $x^2-x+\frac{2}{9}=0$

h) $x^2-2{,}5x+1=0$

i) $x^2+18x+81=0$

j) $x^2-22x+120=0$

k) $x^2-2x+24=0$

l) $x^2-29x+210=0$

Wenn du sämtliche Teilaufgaben von Aufgabe 5 im Zusammenhang betrachtest, stellst du fest, dass niemals vor dem x^2 ein Faktor steht.

> Eine Gleichung in der Form
>
> $x^2+px+q=0, \quad p, q \in \mathbb{R}$
>
> heißt die **Normalform** der quadratischen Gleichung.

Verglichen mit der allgemeinen Form der quadratischen Gleichung ist hier lediglich $a=1$.
Man kann jede quadratische Gleichung aus der allgemeinen in die Normalform überführen, indem man sie durch den Faktor a dividiert und $\frac{b}{a}$ sowie $\frac{c}{a}$ mit p bzw. q benennt.

6

Die Gleichung $2x^2-16x+21=-9$ ist zu lösen.
Wir bringen sie zunächst auf die Normalform:

$$2x^2-16x+21=-9 \quad | +9$$
$$2x^2-16x+30=0 \quad | :2$$
$$x^2-8x+15=0$$

Bestimme nun die Lösungsmenge.
Mache dann die Probe mit der ursprünglichen Gleichung!

7

Bringe die Gleichungen auf die Normalform und löse sie dann.

a) $3x^2-6x-5=4$

b) $2x^2+12x+6=-4$

c) $\frac{1}{2}x^2+3x+3=\frac{1}{2}$

d) $\frac{2}{3}x^2+2x-\frac{2}{3}=2$

e) $4x^2-x=x^2+24$

f) $3x(x+1)+6=7x$

g) $x(x-7)+5=2x(2-x)-5$

h) $5(x-1)^2+(x+2)^2=3x(x+1)-x(x-3)$

Die Lösungsformel

Wir haben gesehen, dass wir quadratische Gleichungen lösen können, indem wir sie auf ihre Normalform bringen, ggf. quadratisch ergänzen, die binomischen Formeln anwenden und schließlich – falls möglich – die Wurzel ziehen. Dieses Verfahren ist ganz schön aufwendig und hat den Nachteil, dass man erst recht spät sehen kann, wie viele Lösungen die Gleichung hat.

Um zu einem einfacheren, aber ebenso allgemeingültigen Lösungsverfahren zu gelangen, führen wir den Lösungsweg einmal allgemein durch:

$$ax^2+bx+c=0 \quad \Big| :a \qquad \text{Umformung zur Normalform}$$

$$x^2+\frac{b}{a}x+\frac{c}{a}=0 \quad \Big| -\frac{c}{a}$$

$$x^2+\frac{b}{a}x=-\frac{c}{a} \quad \Big| +\left(\frac{b}{2a}\right)^2 \qquad \text{quadrat. Ergänzung}$$

$$x^2+\frac{b}{a}x+\left(\frac{b}{2a}\right)^2=\left(\frac{b}{2a}\right)^2-\frac{c}{a} \qquad \text{binom. Formel}$$

$$\left(x+\frac{b}{2a}\right)^2=\frac{b^2-4ac}{4a^2}$$

Wollen wir nun die Wurzel ziehen, so muss die rechte Seite der Gleichung größer oder gleich Null sein. Ist sie kleiner als Null, bleibt die Lösungsmenge leer.

Wir müssen also das Vorzeichen des Terms $\frac{b^2-4ac}{4a^2}$ beachten. Dieses Vorzeichen wird aber von dem Zähler b^2-4ac bestimmt, da der Nenner die Variable a als Quadrat enthält und somit **immer** positiv ist.

Wir müssen folglich die drei Fälle unterscheiden:

1. $b^2-4ac>0$: Wir ziehen die Wurzel und erhalten

$$x+\frac{b}{2a}=\sqrt{\frac{b^2-4ac}{4a^2}} \quad \text{oder} \quad x+\frac{b}{2a}=-\sqrt{\frac{b^2-4ac}{4a^2}}$$

$$x=-\frac{b}{2a}+\frac{\sqrt{b^2-4ac}}{2a} \quad \text{oder} \quad x=-\frac{b}{2a}-\frac{\sqrt{b^2-4ac}}{2a}$$

$$x=\frac{-b+\sqrt{b^2-4ac}}{2a} \quad \text{oder} \quad x=\frac{-b+\sqrt{b^2-4ac}}{2a}$$

2. $b^2-4ac=0$: Die Gleichung lautet jetzt:

$$\left(x+\frac{b}{2a}\right)^2=0 \qquad \text{Wurzel ziehen}$$

$$x+\frac{b}{2a}=0$$

$$x=-\frac{b}{2a}$$

3. $b^2-4ac<0$: Wir können die Wurzel nicht ziehen.
Die Gleichung besitzt keine Lösung.

Die Anzahl der Lösungen einer quadratischen Gleichung hängt offensichtlich von dem Term b^2-4ac ab. Wir nennen ihn die **Diskriminante** und bezeichnen ihn mit D.

Die Diskriminante $D=b^2-4ac$ gibt an, wie viele Lösungen eine quadratische Gleichung $ax^2+bx+c=0$ besitzt.

Ist D **positiv,** so gibt es genau **zwei** Lösungen,
Null, so gibt es genau **eine** Lösung und
negativ, so gibt es **keine** Lösung.

1

Gegeben ist die Gleichung $3x^2-4x-7=0$.

a) Wie lauten a, b und c?

b) Berechne die Diskriminante D. Wie viele Lösungen hat demnach die Gleichung?

c) Berechne die Lösungen. Suche dir dazu in der allgemeinen Herleitung den entsprechenden Fall heraus und setze die Koeffizienten a, b und c direkt ein.

2

Löse ebenso:

a) $2x^2+15x+7=0$

b) $0{,}5x^2-0{,}5x+1{,}25=0$

c) $4x^2-7x-7{,}5=0$

d) $4x^2-12x+9=0$

e) $-2x^2+4x-13=0$

f) $-\frac{1}{4}x^2+2x-4=0$

Lösungsformel für quadratische Gleichungen

Um eine quadratische Gleichung $ax^2+bx+c=0$, $a, b, c \in \mathbb{R}$, $a \neq 0$, zu lösen, bestimmt man zunächst die Diskriminante $D=b^2-4ac$.

Die Lösungsmenge lautet dann

für den Fall $D>0$: $L=\left\{x_1=\frac{-b+\sqrt{D}}{2a};\ x_2=\frac{-b-\sqrt{D}}{2a}\right\}$,

für den Fall $D=0$: $L=\left\{-\frac{b}{2a}\right\}$,

für den Fall $D<0$: $L=\{\ \}$.

3

Löse die folgenden Gleichungen mit Hilfe der Lösungsformeln.
Mache auch die Probe.

a) $2x^2-2x-4=0$

b) $-3x^2+6x+45=0$

c) $-2x^2+9x-4=0$

d) $-x^2+13x-40=0$

e) $0{,}5x^2-2{,}5x+2{,}88=0$

f) $0{,}25x^2-6x-75=0$

g) $\frac{1}{9}x^2+\frac{3}{5}x+0{,}81=0$

h) $-\frac{2}{3}x^2+16x-96=0$

i) $-\frac{1}{2}x^2+2x+\frac{1}{2}=0$

- Zahlenwerte von a, b und c notieren
- Diskriminante D berechnen
- Lösungen berechnen

4

Bringe die Gleichungen auf die allgemeine Form und löse sie dann wie in Aufgabe **3**.

a) $5x^2+12x=-4$

b) $2-2x=2x-2-x^2$

c) $x+7-2x^2=4x-3x^2+5$

d) $5x^2-14x=-2{,}6$

e) $48x - 28{,}8 = 20x^2$

f) $x^2 = 3x - 12$

g) $3x^2 - 3x + 3 = 2{,}6x + 2$

h) $x^2 + 1 = x$

5

Ordne den Graphen die quadratischen Gleichungen zu. Löse dazu die Gleichungen und schau dann nach, bei welchem Graphen die Lösungen der Gleichung als Nullstellen auftreten.

a)

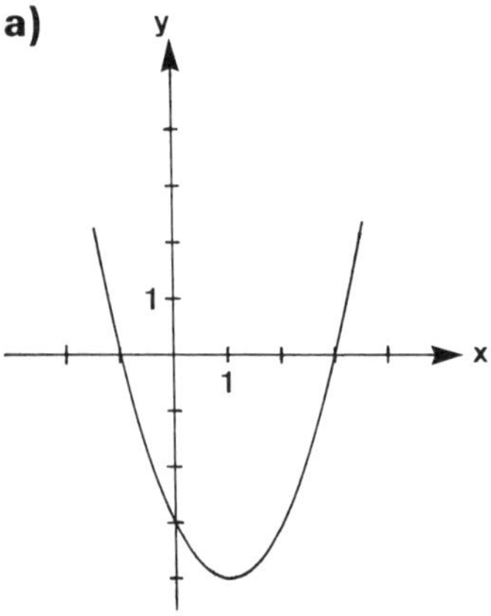

b)

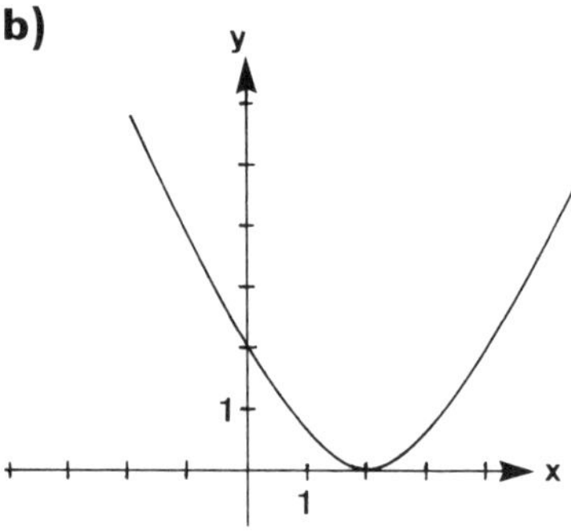

c)

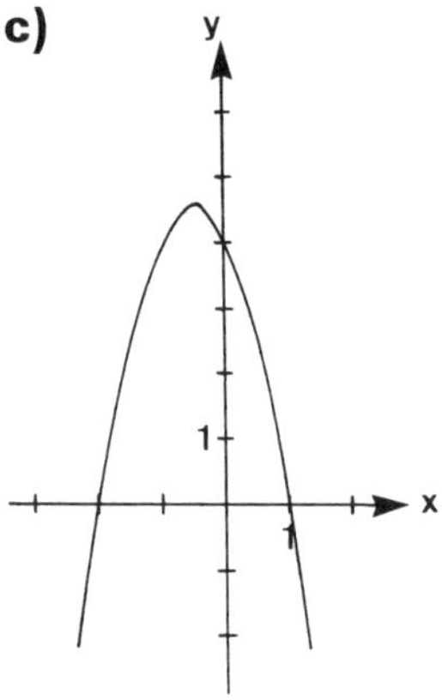

α) $-2x^2 - 2x + 4 = 0$

β) $x^2 - 2x - 3 = 0$

γ) $0{,}5x^2 - 2x + 2 = 0$

6

Gegeben ist die Funktion $x \mapsto y = 6x^2 - 6x + \frac{4}{3}$.

Berechne ihre Nullstellen, indem du die zugehörige quadratische Gleichung löst. Mache die Probe durch Einsetzen.

7

Welche Nullstellen besitzen die Funktionen?

a) $x \mapsto y = x^2 - 10x + 21$

b) $x \mapsto y = 4x^2 + 3{,}8x + 0{,}6$

c) $x \mapsto y = -2x^2 + 2x - 6$

d) $x \mapsto y = 0{,}2x^2 - 2x + 5$

e) $x \mapsto y = \frac{1}{4}x^2 - \frac{4}{5}x + \frac{3}{2}$

f) $x \mapsto y = -10x^2 - 3x - 2$

8

Löse die Gleichungen auf möglichst einfache Weise. Benutze die Lösungsformel nur, wenn es keine andere Möglichkeit gibt.

a) $4x^2 - 8 = 0$

b) $4x^2 - 8x = 0$

c) $4x^2 - 8x = -4$

d) $4x^2 - 8x = 4$

e) $4x^2 + 8 = 0$

9

Löse die Gleichung $7x^2+14x-21=0$

a) mit Hilfe der Lösungsformel

b) indem du zunächst durch 7 dividierst und dann die Lösungsformel anwendest.

Welcher Lösungsweg ist einfacher?

Wie du in Aufgabe 9 gesehen hast, ist es sinnvoll darüber nachzudenken, ob sich eine quadratische Gleichung noch vereinfachen lässt, bevor man die Lösungsformel benutzt. Ziel solcher Vereinfachungen sollte dabei immer sein, die Koeffizienten (vom Betrag her) zu verkleinern oder aus Bruchzahlen ganze Zahlen zu machen. Umformungen, die zu mehr Bruchzahlen führen, sind grundsätzlich zu vermeiden, weil sie die nachfolgenden Rechnungen unnötig komplizieren.

10

Überlege, ob sich die Gleichungen vereinfachen lassen und löse sie dann.

a) $6x^2+54x+126=0$

b) $-8x^2+28x+16=0$

c) $-\frac{1}{2}x^2+\frac{2}{3}x+\frac{2}{3}=0$

d) $1{,}4x^2+2{,}8x+4{,}2=0$

e) $6x^2-4x-2=0$

f) $0{,}1x^2+0{,}5x-5=0$

11

In vielen Fällen erhält man durch die Vereinfachung einer quadratischen Glci chung ihre Normalform $x^2+px+q=0$.
Man kann auch eine Lösungsformel herleiten, die von dieser Normalform ausgeht.

a) Schreibe die Normalform auf und subtrahiere auf beiden Seiten q.

b) Bilde die passende quadratische Ergänzung.

c) Wende die geeignete binomische Formel an.

d) Wie lautet hier die Diskriminante?

e) Ziehe für den Fall einer positiven Diskriminante die Wurzel und zeige, dass sich die im Kasten folgende Lösungsformel ergibt.

Bei der Normalform der quadratischen Gleichung
$x^2+px+q=0$, $p, q \in \mathbb{R}$, lautet die Diskriminante $D = \frac{p^2}{4} - q$.

Als Lösungsmenge ergibt sich dann

für den Fall $D>0$: $L=\left\{x_1 = -\frac{p}{2} + \sqrt{D};\ x_2 = -\frac{p}{2} - \sqrt{D}\right\}$

für den Fall $D=0$: $L=\left\{-\frac{p}{2}\right\}$

für den Fall $D<0$: $L=\{\ \}$

12

Bringe zunächst auf die Normalform und berechne dann:

a) $6x^2+27x+12=0$

b) $-2x^2-8x+24=0$

c) $0{,}2x^2+1{,}4x+2=0$

d) $\frac{1}{4}x^2-2\frac{3}{4}x-3=0$

e) $-3x^2+12x=21$

f) $0{,}75x^2-12x=-48$

13

Bringe, falls es zu einer Erleichterung führt, die quadratischen Gleichungen auf die Normalform. Bestimme ihre Lösungsmenge.

a) $3x^2-13x+12=0$

b) $-4x^2-17x+15=0$

c) $20x^2+19x+3=0$

d) $\frac{3}{4}x^2-3x+3=0$

e) $1{,}5x^2-3x+7{,}5=0$

f) $125x^2-1250x+3000=0$

3. Der Satz von VIETA

Der Zusammenhang zwischen Koeffizienten und Lösungen

1

Eine verschobene Normalparabel habe die Nullstellen −3 und 1.

a) Zeichne die Parabel mit Hilfe einer Schablone.

b) Wo liegt der Scheitelpunkt S?

c) Setze die Koordinaten von S in die Scheitelform $y=(x-x_s)^2+y_s$ ein und berechne daraus die Funktionsgleichung in allgemeiner Form.

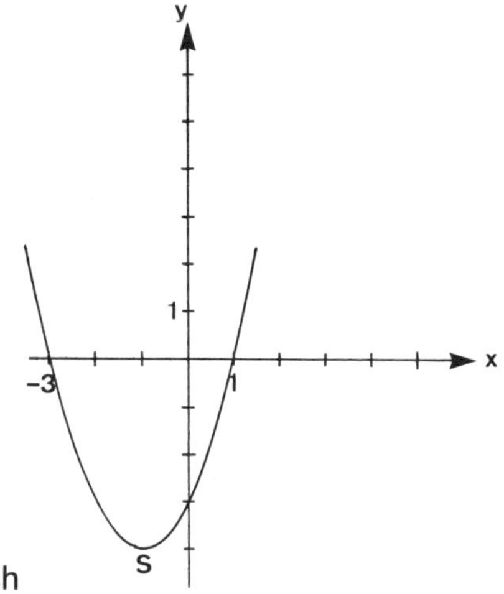

Aufgabe 1 lässt vermuten, dass es möglich ist, anhand der Nullstellen die Funktionsgleichung einer quadratischen Funktion aufzustellen. Anders ausgedrückt würde dies bedeuten, dass eine quadratische Funktion schon durch ihre Nullstellen eindeutig festgelcgt ist.

Ganz so allgemein gilt das allerdings nicht, wie die Abbildung zeigt. Durch zwei fest vorgegebene Nullstellen kann man nämlich unendlich viele Parabeln zeichnen. Jedoch befindet sich darunter nur **eine** Normalparabel.

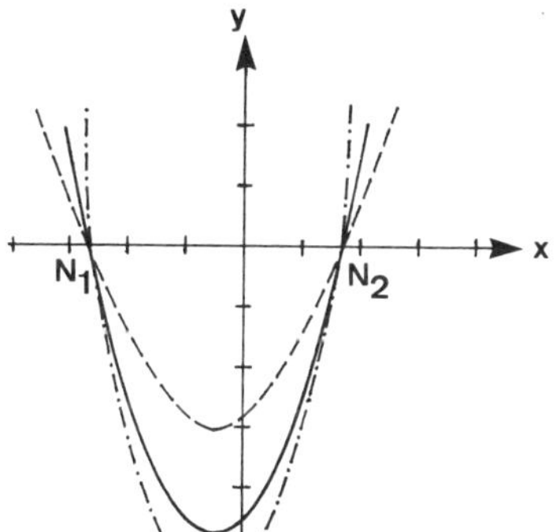

Entsprechend gilt:

> Aus den Lösungen einer quadratischen Gleichung lässt sich ihre **Normalform** eindeutig bestimmen.

2

Zeichne die Normalparabeln, die durch die angegebenen Nullstellen gehen. Verwende dabei eine Schablone.

Lies ihren Scheitelpunkt ab und berechne die Funktionsgleichung.

a) $N_1(1|0)$, $N_2(5|0)$ **b)** $N_1(-1{,}5|0)$, $N_2(0{,}5|0)$

3

Stelle die zu den Funktionen von Aufgabe 2 gehörenden quadratischen Gleichungen auf. Setze die Nullstellen ein und zeige, dass sie die Lösungen dieser Gleichungen sind.

Möglicherweise gibt es einen Zusammenhang zwischen den Koeffizienten einer quadratischen Gleichung und ihren Lösungen.
Jedoch ist es bisher für uns schwierig, aus den gegebenen Lösungen die zugehörige Gleichung aufzustellen, d.h. aus den Lösungen die Koeffizienten zu bestimmen. Der vorerst einzige Weg führte über die quadratischen Funktionen.

4

Berechne die Lösungen x_1 und x_2 der Gleichung $x^2-7x+10=0$.
Bilde x_1+x_2 und $x_1 \cdot x_2$ und vergleiche die Ergebnisse mit den Koeffizienten p und q der quadratischen Gleichung.

Aufgabe 4 legt die Vermutung nahe, dass man die Koeffizienten p und q in folgender Weise aus den Lösungen x_1 und x_2 errechnen kann:

$x_1+x_2=-p$ und $x_1 \cdot x_2=q$.

5

Gegeben sind quadratische Gleichungen mit ihren Lösungen x_1 und x_2. Bilde x_1+x_2 und $x_1 \cdot x_2$ und prüfe, ob sich die Koeffizienten $-p$ und q der Gleichungen ergeben.

a) $x^2-x-12=0$; $x_1=-3$; $x_2=4$ **b)** $x^2-9x+14=0$; $x_1=2$; $x_2=7$

c) $x^2+10{,}5x+27=0$; $x_1=-6$; $x_2=-4{,}5$

Um zu beweisen, dass diese Beziehung zwischen den Lösungen und den Koeffizienten einer quadratischen Gleichung allgemein gültig ist, gehen wir von den Lösungen in der Form aus, die uns die Lösungsformel liefert.
Es seien $x_1=-\frac{p}{2}+\sqrt{D}$ und $x_2=-\frac{p}{2}-\sqrt{D}$ die Lösungen der quadratischen Gleichung $x^2+px+q=0$.

Dann gilt:
$$\begin{aligned} x_1+x_2 &= -\frac{p}{2}+\sqrt{D}-\frac{p}{2}-\sqrt{D} \\ &= -\frac{p}{2}-\frac{p}{2} \\ &= -p \end{aligned}$$

$$x_1 \cdot x_2 = \left(-\frac{p}{2} + \sqrt{D}\right) \cdot \left(-\frac{p}{2} - \sqrt{D}\right) \qquad \text{3. binom. Formel}$$
$$= \left(-\frac{p}{2}\right)^2 - (\sqrt{D})^2$$
$$= \frac{p^2}{4} - D \qquad D = \frac{p^2}{4} - q$$
$$= \frac{p^2}{4} - \left(\frac{p^2}{4} - q\right)$$
$$= q$$

Dieses Ergebnis, der Zusammenhang zwischen Koeffizienten und Lösungen einer quadratischen Gleichung, ist der Inhalt des wichtigen Satzes:

Satz von VIETA:

Besitzt die quadratische Gleichung $x^2 + px + q = 0$ die Lösungen x_1 und x_2, so gilt

$x_1 + x_2 = -p$ und $x_1 \cdot x_2 = q$.

Beispiel: Eine quadratische Gleichung habe die Lösungen $x_1 = 3$ und $x_2 = 4$. Wir können dann die betreffende Gleichung in der Normalform angeben, indem wir die Koeffizienten p und q nach dem Satz von VIETA berechnen.

Es ergibt sich $-p = x_1 + x_2 = 3 + 4 = 7$, also $p = -7$
und $q = x_1 \cdot x_2 = 3 \cdot 4 = 12$, also $q = 12$.

Die Gleichung in Normalform lautet dann
$x^2 - 7x + 12 = 0$.

Beachte: Es ist bei diesem Verfahren **nicht** möglich, die allgemeine Form der quadratischen Gleichung herauszubekommen! Dazu fehlt eine weitere Bedingung, die hilft, den Koeffizienten a zu berechnen.

6

Wie lauten diejenigen quadratischen Gleichungen, die die folgenden Lösungen besitzen? Bringe sie in die Normalform.

a) $x_1 = 4$, $x_2 = 6$ **b)** $x_1 = -2$, $x_2 = 3$ **c)** $x_1 = -1$, $x_2 = -5$

d) $x_1 = 7$, $x_2 = 0$ **e)** $x_1 = 0{,}3$, $x_2 = -1{,}5$ **f)** $x_1 = 2$, $x_2 = 2$

7

Bestimme jeweils die Normalform der quadratischen Gleichungen, die folgende Lösungsmengen haben.

a) $L=\{5; 2{,}5\}$ **b)** $L=\{-3{,}6; 0{,}5\}$ **c)** $L=\left\{-\frac{2}{3}; -\frac{1}{6}\right\}$

d) $L=\{3\}$ **e)** $L=\{-2{,}5; 0\}$ **f)** $L=\{0\}$

8

Kann man diejenige quadratische Gleichung angeben, die die Lösungsmenge $L=\{\}$ hat? Begründe deine Antwort.

9

Überprüfe, ob die quadratische Gleichung $x^2+8x-20=0$ die Lösungen $x_1=2$ und $x_2=-10$ besitzt. Setze dazu die Lösungen nacheinander in die Gleichung ein und sieh nach, ob sich jeweils eine wahre Aussage ergibt.

Diese Probe kann man mit Hilfe des Satzes von VIETA noch einfacher machen:
Wir bilden $x_1+x_2=2+(-10)= -8$, folglich müsste $p=8$ sein,
und $x_1 \cdot x_2=2 \cdot (-10)=-20$, folglich müsste $q=-20$ sein.
Wir vergleichen diese Ergebnisse mit den Koeffizienten der obigen Gleichung und stellen Übereinstimmung fest. Also sind $x_1=2$ und $x_2=-10$ die Lösungen von $x^2+8x-20=0$.

10

Stelle ebenso fest, ob die folgenden Gleichungen die angegebenen Lösungen besitzen.

a) $x^2-4x+3=0$; $x_1=1$, $x_2=3$

b) $x^2-13x-48=0$; $x_1=-3$, $x_2=16$

c) $x^2-1{,}8x+0{,}32=0$; $x_1=0{,}2$, $x_2=1{,}6$

d) $x^2-\frac{3}{5}x+\frac{1}{20}=0$; $x_1=\frac{1}{10}$, $x_2=\frac{1}{2}$

11

Überprüfe, ob die angegebenen Lösungsmengen zu den quadratischen Gleichungen gehören. Berechne andernfalls die richtigen Lösungen.

a) $x^2-x-20=0$; $L=\{-4; 5\}$

b) $x^2+8x-9=0$; $L=\{1; 9\}$

c) $x^2+0{,}8x-0{,}09=0$; $L=\{-0{,}9; 0{,}1\}$

d) $x^2-4x+4=0;\ L=\{2\}$

e) $x^2-\frac{4}{3}x-\frac{4}{3}=0;\ L=\left\{-\frac{2}{3};2\right\}$

f) $x^2+4x-4=0;\ L=\{-2\}$

12

a) Weise mit Hilfe des Satzes von VIETA nach, dass die Gleichung $x^2-2x-15=0$ die Lösungen $x_1=-3$ und $x_2=5$ besitzt.

b) Es wird behauptet, dass die Gleichung $(x+3)\cdot(x-5)=0$ ebenfalls die Lösungen $x_1=-3$ und $x_2=5$ besitzt. Zeige dies, indem du die Gleichung in ihre Normalform verwandelst.

Die Lösungen der Gleichung $(x+3)\cdot(x-5)=0$ kann man noch auf eine andere Art bestimmen.
Da die Gleichung in Form eines Produktes vorliegt und ein Produkt ja nur dann Null werden kann, wenn mindestens einer der Faktoren Null ist, können wir schließen

$(x+3)\cdot(x-5)=0$
$x+3=0$ oder $x-5=0$
$x=-3$ oder $x=5$

13

Bestimme ebenso die Lösungen der Gleichungen.

a) $(x-4)\cdot(x-6)=0$

b) $(x+1{,}6)\cdot(x+4{,}7)=0$

c) $\left(x-\frac{5}{6}\right)\cdot\left(x+3\frac{3}{4}\right)=0$

d) $(x+\sqrt{2})\cdot(x-\sqrt{3})=0$

e) $(x-2)\cdot(x+2)=0$

f) $(x+9)^2=0$

Zerlegung von Termen in Linearfaktoren

Bei den in Aufgabe **13** vorgekommenen Gleichungen fällt auf, dass es sich um Produkte handelt, deren Faktoren alle gleich gebaut sind, z. B. $(x-2)$. Solche Ausdrücke, die die Summe oder Differenz der Variablen x und einer reellen Zahl darstellen, heißen **Linearfaktoren.**
Wie du ebenfalls in Aufgabe **13** gesehen hast, lassen sich die Lösungen derartiger Gleichungen leicht ermitteln, indem man die einzelnen Linearfaktoren für sich betrachtet. Allgemein hat die Gleichung

$(x-x_1)\cdot(x-x_2)=0$

die Lösungen x_1 oder x_2.

1

a) Stelle für die Zahlen $x_1=3$ und $x_2=7$ eine Gleichung aus Linearfaktoren auf.

b) Wie lautet die Normalform dieser quadratischen Gleichung?

c) Wie lautet ihre Lösungsmenge?

2

Ermittle ebenso für folgende Zahlen die Gleichung aus Linearfaktoren und die Normalform.

a) $x_1=3,\ x_2=-7$

b) $x_1=-3,\ x_2=-7$

c) $x_1=3,\ x_2=0$

d) $x_1=3,\ x_2=3$

Da nun zu zwei Lösungen x_1 und x_2 die quadratische Gleichung in Normalform eindeutig festliegt und man ebenso eine Darstellung in Form von Linearfaktoren finden kann, gilt:

Eine quadratische Gleichung $x^2+px+q=0$, die die Lösungen x_1 und x_2 besitzt, lässt sich in der Form $(x-x_1)\cdot(x-x_2)=0$ schreiben. Wir nennen dies die **Zerlegung in Linearfaktoren.**

Beispiel: Die quadratische Gleichung $x^2+3x-40=0$ soll in ihre Linearfaktoren zerlegt werden.
Wir berechnen zunächst die Lösungen mit Hilfe der Lösungsformel:

$p=3$ und $q=-40$: $D=\frac{p^2}{4}-q=\frac{3^2}{4}+40=\frac{169}{4}$

Die Lösungen lauten $x_1=-\frac{3}{2}+\frac{13}{2}=5$

und $x_2=-\frac{3}{2}-\frac{13}{2}=-8$.

Somit können wir die Gleichung $x^2+3x-40=0$ auch so schreiben:

$(x-5)\cdot(x+8)=0$.

3 Ermittle die Lösungen und schreibe als Linearfaktoren:

a) $x^2-5x-14=0$

b) $x^2+\frac{2}{3}x-\frac{8}{3}=0$

c) $x^2-0{,}5x-1{,}5=0$

d) $x^2-x-0{,}25=0$

4

Der quadratische Term $x^2-2{,}5x-6$ soll in Linearfaktoren zerlegt werden.

a) Berechne die Lösungen der zugehörigen quadratischen Gleichung $x^2-2{,}5x-6=0$.

b) Schreibe die Linearfaktorzerlegung auf. Die Linearfaktoren des Terms sind gleich denen der Gleichung.

> Besitzt eine quadratische Gleichung **keine Lösungen**, so kann man sie auch **nicht in Linearfaktoren zerlegen.**

5 Zerlege die Terme in Linearfaktoren, falls es möglich ist.

a) $x^2-11x-12$ **b)** $x^2+3x+2\frac{1}{4}$ **c)** x^2-49

d) $x^2-2x+10$ **e)** $x^2+9x-36$ **f)** $x^2-\frac{3}{4}x+\frac{1}{8}$

6

Auch der Term $2x^2-4x-6$ lässt sich in Linearfaktoren zerlegen. Wir klammern zunächst den Faktor 2 aus und erhalten
$2x^2-4x-6=2(x^2-2x-3)$.

a) Bestimme nun noch die Linearfaktorzerlegung von x^2-2x-3.

b) Wie lautet sie demnach für $2x^2-4x-6$?

c) Multipliziere die gefundene Zerlegung wieder aus. Erhältst du den Term $2x^2-4x-6$?

7

Welche der quadratischen Terme kannst du in Linearfaktoren zerlegen? Gib die Zerlegungen an.

a) $x^2-28x+27$ **b)** $2x^2-3x-2$ **c)** $9x^2-10x+9$

Test

1

Wie viele Lösungen besitzen die folgenden quadratischen Gleichungen? Bestimme sie!

a) $-x^2+10x-21=0$ **b)** $3{,}5x=2x^2+4$ **c)** $-169=x^2-26x$

2 Bestimme die Nullstellen der Funktionen:

a) $x \mapsto y = \frac{1}{2}x^2 - 2x + 1\frac{1}{2}$

b) $x \mapsto y = -\frac{1}{2}x^2 + 2x - 2$

3

Bringe auf die Normalform und löse dann:

a) $3x^2 + 21 = 12x$

b) $0{,}5x^2 - 5{,}5x - 6 = 0$

4

Löse ohne Benutzung der Lösungsformel:

a) $14x^2 - 56x = 0$

b) $14x^2 - 56 = 0$

5

Bestimme jeweils die Normalform der quadratischen Gleichungen, die die folgenden Lösungsmengen besitzen:

a) $L = \{-1{,}5; 2{,}5\}$

b) $L = \{-7; 0\}$

6

a) Prüfe, ob $L = \{4; 5\}$ die Lösungsmenge der quadratischen Gleichung $x^2 - 9x + 20 = 0$ ist.

b) Zerlege den Term $x^2 + 2x - 15 = 0$ in Linearfaktoren.

4. Graphische Lösungsverfahren

1

a) Bestimme den Scheitelpunkt der Funktion $x \mapsto y = x^2 - 6x + 5$ und zeichne ihren Graphen. Gehe vor wie in Kapitel I. 2. Benutze dabei eine Schablone.

b) Lies die Nullstellen von x_1 und x_2 der Funktion ab.

c) Überprüfe, ob x_1 und x_2 auch die Lösungen der quadratischen Gleichung $x^2 - 6x + 5 = 0$ sind.

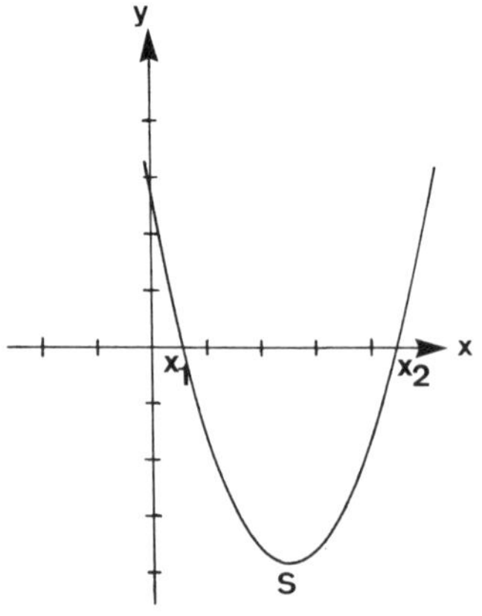

Du hast schon im Kapitel über die rein-quadratischen Gleichungen (II. 1.) gelernt, dass es einen direkten Zusammenhang zwischen den Nullstellen quadratischer Funktionen und den Lösungen quadratischer Gleichungen gibt.
Allgemein gilt:

Die Nullstellen x_1 und x_2 der quadratischen Funktion

$x \mapsto y = ax^2 + bx + c, \quad a, b, c \in \mathbb{R}, \quad a \neq 0$

sind gleichzeitig die Lösungen der quadratischen Gleichung

$ax^2 + bx + c = 0.$

2

a) Bestimme die Lösungen der Gleichung $x^2 + x - 6 = 0$.

b) Ermittle den Scheitelpunkt der quadratischen Funktion $x \mapsto y = x^2 + x - 6$ und zeichne ihren Graphen.

c) Lies die Nullstellen ab. Stimmen sie mit den in a) ermittelten Lösungen überein?

Man kann also die Lösungen einer quadratischen Gleichung auch durch Zeichnen des Graphen der zugehörigen Funktion bestimmen:

Graphisches Lösungsverfahren (1. Möglichkeit):

- Zeichnen der entsprechenden quadratischen Funktion (Scheitelpunkt bestimmen, Schablone verwenden)
- Ablesen der Nullstellen an der x-Achse

3

Bestimme graphisch die Lösungen der Gleichungen.

a) $x^2 + 4x + 3 = 0$

b) $x^2 - 2x - 5{,}25 = 0$

Überprüfe deine Ergebnisse rechnerisch. Du kannst dazu auch den Satz von VIETA verwenden.

Beachte! Bei graphischen Lösungsverfahren hängt der Erfolg deiner Lösungsversuche in hohem Maße von der Sauberkeit und Genauigkeit der Zeichnungen ab.
Dennoch lassen sich auch bei genauer Zeichnung die Werte häufig nicht mit mehr als einer Dezimalstelle Genauigkeit ablesen und müssen als ungefähre Werte angegeben werden.

4

Versuche, die Lösungen der folgenden Gleichungen graphisch zu bestimmen. Überprüfe die Genauigkeit deiner Ergebnisse durch Rechnung.

a) $x^2-x-1,25=0$ **b)** $x^2-2x-2=0$

5

Bestimme die Lösungsmenge der Gleichung $2x^2+6x-8=0$.
Bringe die Gleichung zunächst auf ihre Normalform und verfahre dann wie oben.

Natürlich ließe sich Aufgabe **5** auch lösen, indem man direkt den Graphen der Funktion $x \mapsto y=2x^2+6x-8$ zeichnet und daran die Nullstellen abliest. Dazu könnte man jedoch nicht die Normalparabelschablone verwenden und müsste stattdessen eine Wertetabelle anlegen. Das wäre sehr aufwendig und würde weitere Ungenauigkeiten nach sich ziehen.

6

Löse die Gleichungen graphisch. Überprüfe die Genauigkeit deiner Ergebnisse rechnerisch.

a) $5x^2-3x-14=0$ **b)** $3x^2-19x+6=0$ **c)** $2x^2+4x+1,5=0$

d) $-3x^2-0,9x+1,2=0$ **e)** $4x^2-9x=0$ **f)** $-\frac{1}{2}x^2+2x-2=0$

7

a)

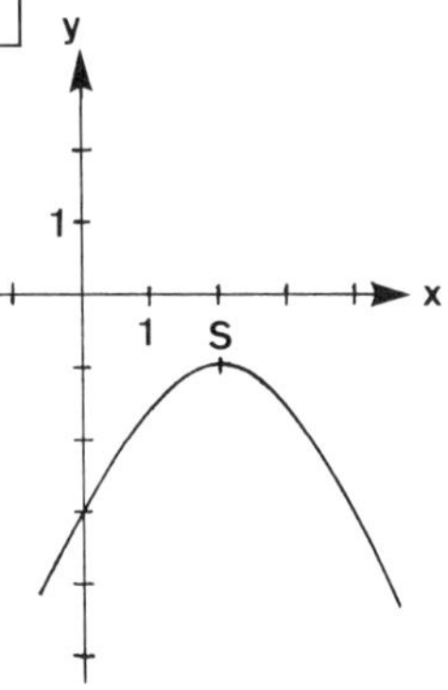

b)

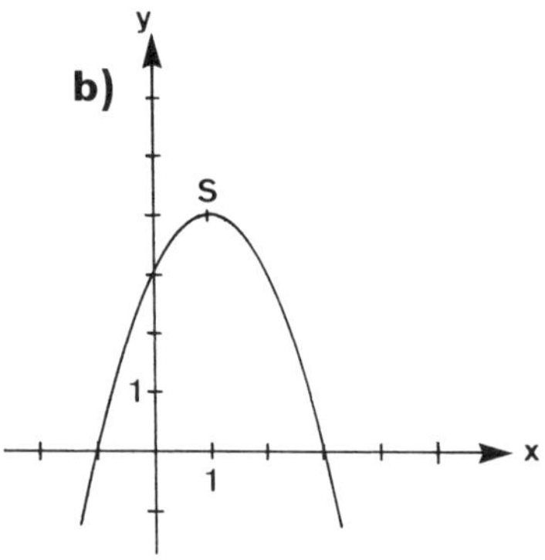

c)

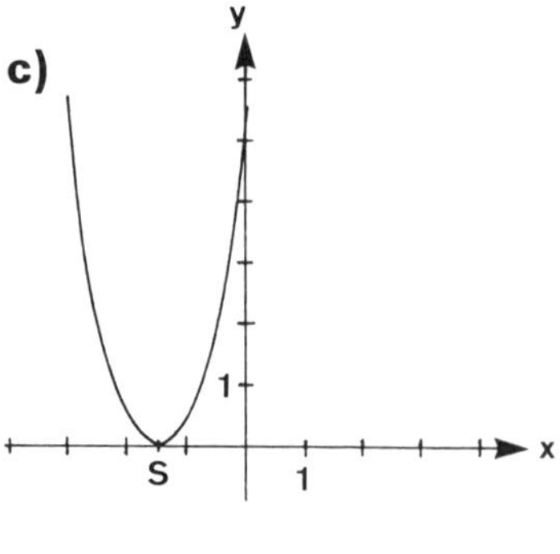

Ordne die folgenden quadratischen Gleichungen den abgebildeten Parabeln zu.

α) $-x^2+2x+3=0$ **β)** $2x^2+6x+4{,}5=0$ **γ)** $-\frac{1}{2}x^2+2x-3=0$

Wie viele Lösungen besitzen danach die Gleichungen? Schreibe die Lösungsmengen auf und überprüfe sie rechnerisch.

Neben der bisher behandelten Methode gibt es noch ein zweites Verfahren zum graphischen Lösen quadratischer Gleichungen. Es verwendet Normalparabel und Gerade.

Beispiel: Die Gleichung $x^2-0{,}5x-1{,}5=0$ ist zu lösen.

Wir formen sie so um, dass auf der linken Seite nur noch der Term x^2 stehenbleibt.

$x^2=0{,}5x+1{,}5$

Lösungen sind also diejenigen x-Werte, für die gleichzeitig die linke und rechte Seite der umgeformten Gleichung denselben Wert ergeben. Nun steht auf der linken Seite der Gleichung der Funktionsterm der Normalparabel $y=x^2$ und auf der rechten Seite der Funktionsterm einer Geraden, nämlich $y=0{,}5x+1{,}5$.

Übertragen auf die beiden Funktionen sind die x-Werte Lösungen, an denen die Funktionswerte von Normalparabel und Gerade gleich sind. Dies ist der Fall in den Schnittpunkten.

Wir zeichnen folglich in ein Koordinatensystem Normalparabel und Gerade und lesen die Schnittpunkte ab: $S_1(-1|1)$, $S_2(1{,}5|2{,}25)$.

Die Lösungen der quadratischen Gleichung sind also $x_1=-1$ und $x_2=1{,}5$.

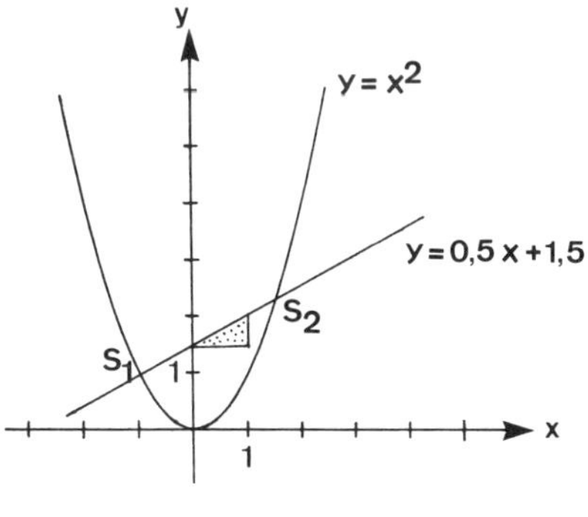

8

Zeichne die folgenden Geraden mit Hilfe geeigneter Steigungsdreiecke.

a) $x \mapsto y=2x+1$ **b)** $x \mapsto y=3x-4$ **c)** $x \mapsto y=-2x-2$

d) $x \mapsto y=\frac{1}{2}x+\frac{3}{2}$ **e)** $x \mapsto y=-\frac{1}{3}x+1{,}5$ **f)** $x \mapsto y=2{,}4x-1$

9

Lies Steigung und y-Achsenabschnitt ab und stelle die Funktionsgleichungen der Geraden auf:

a)

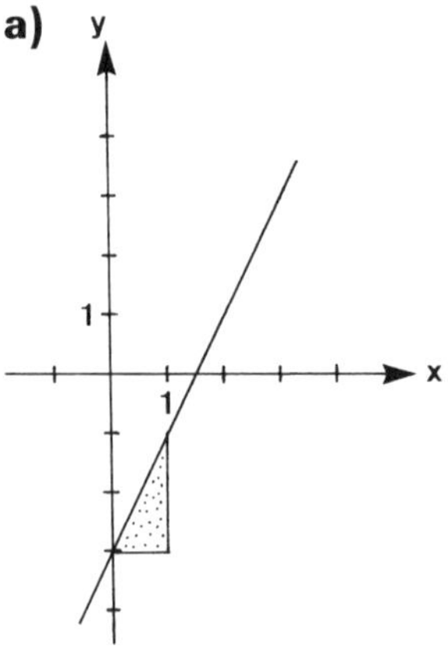

b)

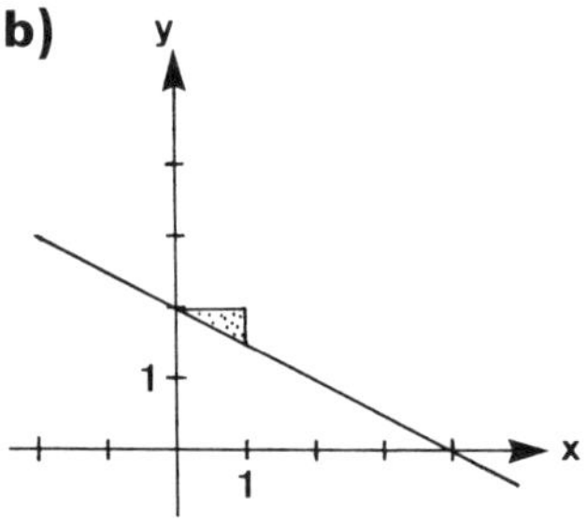

c)

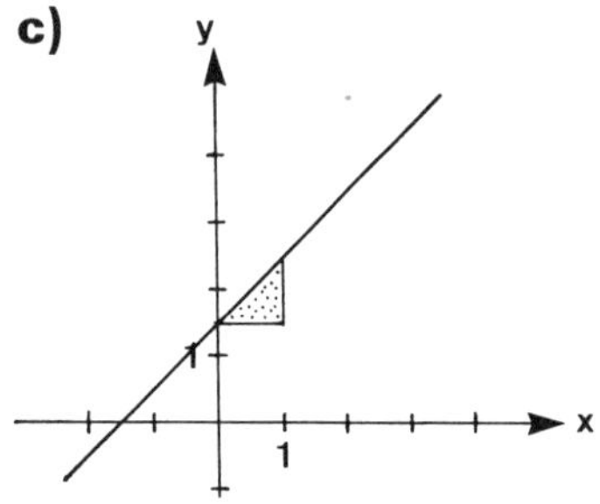

10

Löse die Gleichungen graphisch:

a) $x^2+2x-3=0$

b) $x^2-x-2=0$

c) $x^2-1{,}5x-4{,}5=0$

d) $x^2+\frac{1}{2}x-3=0$

Graphisches Lösungsverfahren (2. Möglichkeit):

- Umformen der Gleichung, so dass auf einer Seite **nur** x^2 stehen bleibt; auf der anderen Seite ergibt sich der Funktionsterm einer linearen Funktion (Geraden)
- Zeichnen von Normalparabel und Gerade
- Ablesen der Schnittpunkte (x-Werte der Schnittpunkte sind die Lösungen)

11

Die Normalparabel wird von der Geraden $x \mapsto y=-x+6$ geschnitten.

a) Gib die Koordinaten der Schnittpunkte an.

b) Wie lauten die Lösungen der quadratischen Gleichung, die mit Hilfe der Abbildung graphisch gelöst wird?

c) Gib die betreffende quadratische Gleichung an. Gehe dabei von dem Ansatz $x^2 = -x + 6$ aus.

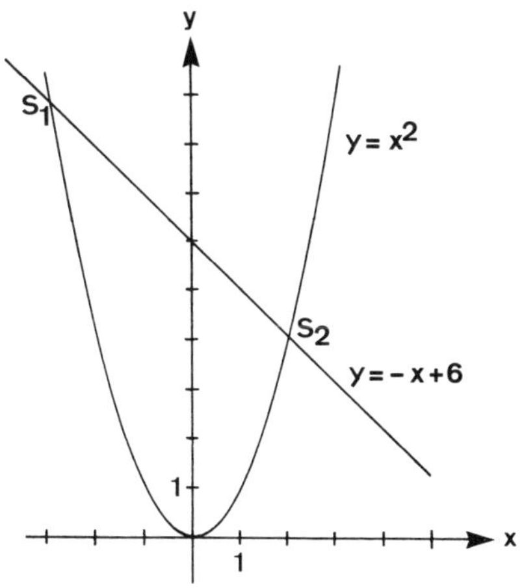

12

α)

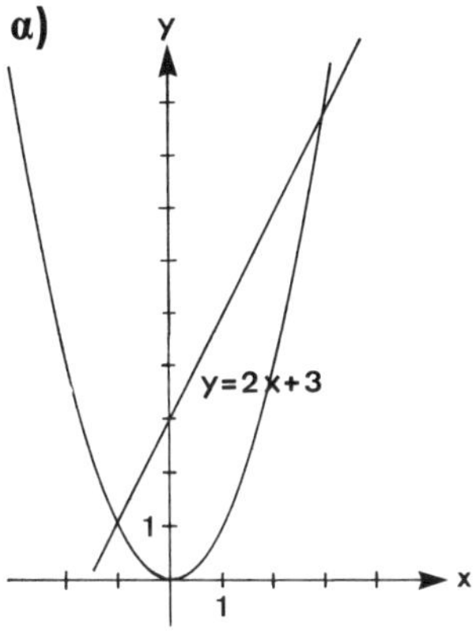

β)

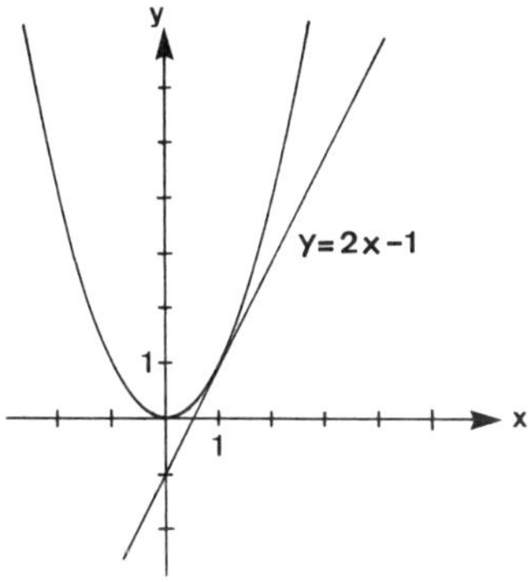

γ)

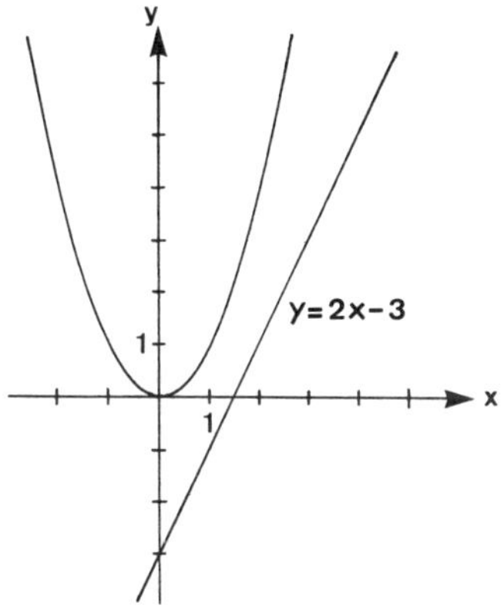

Du siehst hier drei unterschiedliche Lagen von Normalparabel und Gerade.

a) Wie lauten die Lösungsmengen der zugehörigen quadratischen Gleichungen?

b) Gib die entsprechenden quadratischen Gleichungen an.

13

Bestimme graphisch die Lösungsmengen der folgenden quadratischen Gleichungen. Benutze das 2. Verfahren.

a) $x^2 - x - 2 = 0$ **b)** $x^2 + 3x - 4 = 0$ **c)** $x^2 + 2x + 1 = 0$

d) $x^2 + 2x - 1 = 0$ **e)** $x^2 - 0{,}4x - 4{,}8 = 0$ **f)** $x^2 + x + 3 = 0$

Überprüfe rechnerisch die Genauigkeit deiner Zeichnung.

14

Auch die Gleichung $2x^2-4x+10{,}5=0$ lässt sich graphisch nach diesem Verfahren lösen. Bringe sie dazu vorher auf die Normalform.

15

a) Versuche die Gleichung $x^2-6x+5=0$ nach dem 2. Lösungsverfahren graphisch zu lösen.

b) Löse sie auch nach dem 1. Verfahren.

c) Welches Verfahren ist hier günstiger?

Das 2. Lösungsverfahren ist dann technisch schwieriger durchzuführen, wenn in der Gleichung $x^2+px+q=0$ der Koeffizient p vom Betrag her relativ groß ist. Das bedeutet nämlich ein besonders starkes Steigen oder Fallen der Geraden. Dagegen zeigt die 1. Methode Schwächen, wenn die Nullstellen weiter voneinander entfernt liegen. Dies ist der Fall, wenn der Koeffizient p vom Betrage her besonders klein ist.

16

Löse die Gleichungen nach einem der beiden graphischen Lösungsverfahren. Falls du mit dem zunächst gewählten Verfahren nicht zum Ziel kommst, versuche es mit dem anderen.

a) $x^2-6x+8=0$

b) $x^2-x-8{,}75=0$

c) $\frac{1}{5}x^2-2x+5=0$

d) $4x^2+6x-4=0$

e) $5x^2-2x+7{,}5=0$

f) $10x^2-16x-8=0$

17

Bestimme die Nullstellen der quadratischen Funktionen nach einem der beiden graphischen Lösungsverfahren möglichst genau.

a) $x \mapsto y=x^2+0{,}5x-3$

b) $x \mapsto y=3x^2-5x+2$

Löse die zugehörigen quadratischen Gleichungen auch rechnerisch. Überprüfe so die Genauigkeit deiner Zeichnung.

5. Gleichungen, die auf quadratische Gleichungen führen

Bruchgleichungen

1

Die Terme $\frac{3x}{x-2}$, $\frac{5x+7}{x^2-1}$, $\frac{1}{x}$, $\frac{9x^2-12x+8}{(x+2)(x-5)}$ haben gemeinsam, dass die Variable x im **Nenner** steht. Sie heißen deshalb **Bruchterme.**

a) Für welchen Wert von x wird der Nenner des ersten Bruchterms gleich Null? Weshalb darf man diesen Wert nicht einsetzen?

In einem Bruchterm darf man für die Variable alle diejenigen reellen Zahlen einsetzen, für die der Nenner nicht gleich Null wird.

Die Menge dieser zulässigen Zahlen heißt der **Definitionsbereich** D des Bruchterms.

So wäre zum Beispiel für den Bruchterm $\frac{3x}{x-2}$ der Definitionsbereich $D = \mathbb{R}\setminus\{2\}$, d. h. die Menge der reellen Zahlen $\mathbb{R}$ ohne die 2.

b) Bestimme die Definitionsbereiche der anderen Bruchterme.

Für das Rechnen mit Bruchtermen gelten die Regeln der Bruchrechnung. Allerdings muss man zunächst den Definitionsbereich für den gesamten Term bestimmen. Erst dann kann man den Bruchterm umformen und vereinfachen.

Beispiel: $\frac{2x-3}{x} + \frac{5x}{x-1} - 4$

Bestimmung von D: Erster Bruch: Nenner wird Null für $x=0$
Zweiter Bruch: Nenner wird Null für $x=1$

Zusammen: $D = \mathbb{R}\setminus\{0; 1\}$

Rechnung:

$$\frac{2x-3}{x} + \frac{5x}{x-1} - 4$$ Hauptnenner suchen: HN: $x\cdot(x-1)$

$$= \frac{(2x-3)\cdot(x-1)}{x\cdot(x-1)} + \frac{5x\cdot x}{x\cdot(x-1)} - \frac{4\cdot x\cdot(x-1)}{x\cdot(x-1)}$$ Erweitern

$= \frac{(2x-3)\cdot(x-1)+5x\cdot x-4\cdot x\cdot(x-1)}{x\cdot(x-1)}$ Zusammenfassen

$= \frac{2x^2-3x-2x+3+5x^2-4x^2+4x}{x(x-1)}$ Zähler ausmultiplizieren

$= \frac{3x^2-x+3}{x(x-1)}$ Zähler vereinfachen

2

Vereinfache ebenso die folgenden Bruchterme. Bestimme zunächst jeweils den Definitionsbereich.

a) $\frac{4x-1}{x+2}+\frac{3x}{x-3}-\frac{1}{2}$

b) $\frac{5}{2x-3}-\frac{4}{3-x}+\frac{1}{x}$

c) $3+\frac{10x+7}{4x-3}-\frac{5-8x}{6-x}$

d) $\frac{x}{x+1}+\frac{x}{x-1}-1$

e) $\frac{3x+5}{2x-3}-\frac{6x}{2x+3}-\frac{x-4x^2}{(2x-3)(2x+3)}$

3

In der **Gleichung** $5-\frac{x+5}{x+2}=\frac{x+2}{x}$ stehen Bruchterme. Wir nennen sie deshalb eine **Bruchgleichung.**

Gib den Definitionsbereich der Bruchgleichung an. Betrachte dazu die Nenner der einzelnen Bruchterme.
Wir wollen nun die Lösungsmenge der Bruchgleichung aus Aufgabe 3 bestimmen.
Zuerst ermitteln wir den **Definitionsbereich.** In Aufgabe 3 haben wir schon festgestellt, dass $D=\mathbb{R}\setminus\{-2;0\}$ ist.

$5-\frac{x+5}{x+2}=\frac{x+2}{x}$

Der **Hauptnenner** lautet $x(x+2)$.

Wir erweitern **alle** Summanden auf den Hauptnenner und erhalten

$\frac{5x(x+2)}{x(x+2)}-\frac{x(x+5)}{x(x+2)}=\frac{(x+2)^2}{x(x+2)}$.

Nun **multiplizieren wir die Gleichung mit dem Hauptnenner.** Es ergibt sich:

$5x(x+2)-x(x+5)=(x+2)^2$

In dieser Gleichung stehen keine Bruchterme mehr. Wir können sie daher **vereinfachen** und multiplizieren zunächst die Klammern aus.

$5x^2+10x-x^2-5x=x^2+4x+4$

Training
Quadratische Funktionen – Quadratische Gleichungen

Lösungsheft

von Uwe Bergmann

Ernst Klett Verlag
Stuttgart Düsseldorf Leipzig

Satz: Zechnersche Buchdruckerei, Speyer
Druck. W. Röck, Weinsberg
Beilage zu 3-12-922022-4

Inhaltsverzeichnis

I. Quadratische Funktionen

1. Die Funktion $x \mapsto y = x^2$

1

a)

x	0	0,5	1	1,5	2	2,5
y	0	0,25	1	2,25	4	6,25

2

a)

x	−0,5	−1	−1,5	−2	−2,5
y	0,25	1	2,25	4	6,25

b)

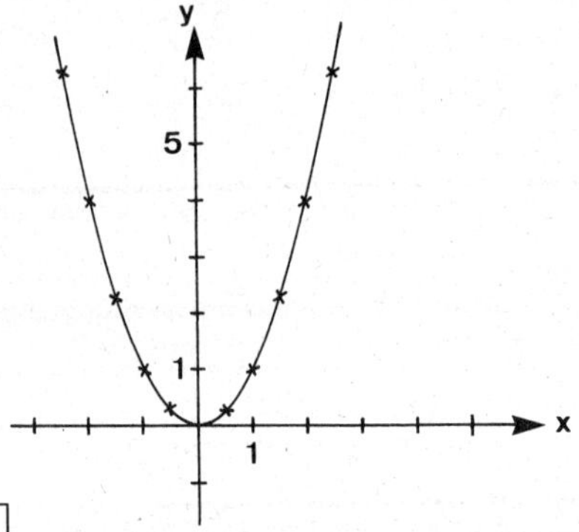

3

a) 64, 676, $\frac{1}{9}$, 0,04, $\frac{16}{25}$, $\frac{49}{16}$, 10,5625

b) 2, 6, $\frac{5}{7}$, 1,2

c) Das Quadrat einer positiven (negativen) Zahl ist **immer** positiv.

d) $f(0) = 0$.

4

a) $f(3) = 9$, $f(-3) = 9$, $f(7) = 49$, $f(-7) = 49$, $f(0{,}6) = 0{,}36$, $f(-0{,}6) = 0{,}36$

b) 3 und −3, 2,5 und −2,5, $\frac{8}{9}$ und $\frac{-8}{9}$, 0.

5

a) –

b) Für negative x-Werte gilt:
Wenn $x_1 < x_2$, dann ist $f(x_1) > f(x_2)$.

6

x	1,4	1,7	2,2	2,45	3,2
y	2	3	5	6	10

2. Die Funktionen der Form $x \mapsto y = x^2 + bx + c$

Verschobene Normalparabeln

1

a)

x	−3	−2	−1	0	1	2	3
y	11	6	3	2	3	6	11

b)

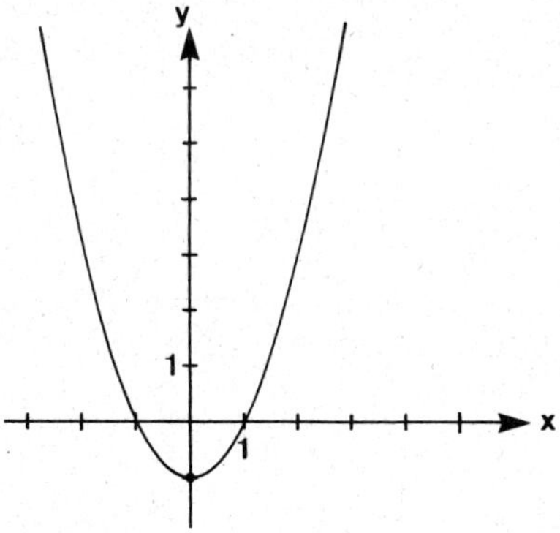

c) $S_1(0|2)$
$S_2(0|-1)$

2

a), c)

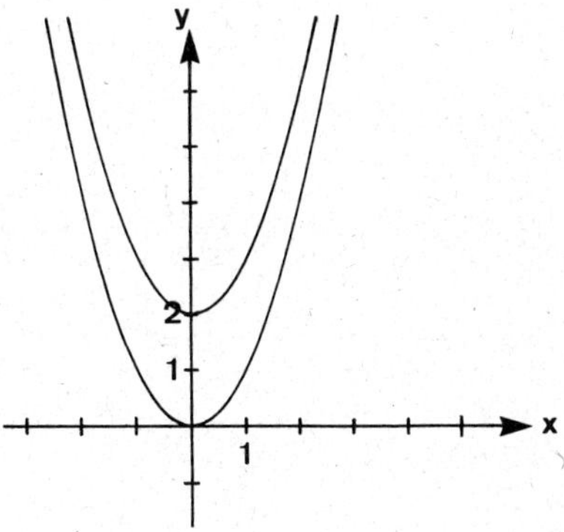

b) $(1|3)$, $(2|6)$

d) $x \mapsto y = x^2 + 2$

3

$S_1(0|1{,}5)$, $S_2(0|-4)$, $S_3\left(0\middle|-\frac{5}{2}\right)$

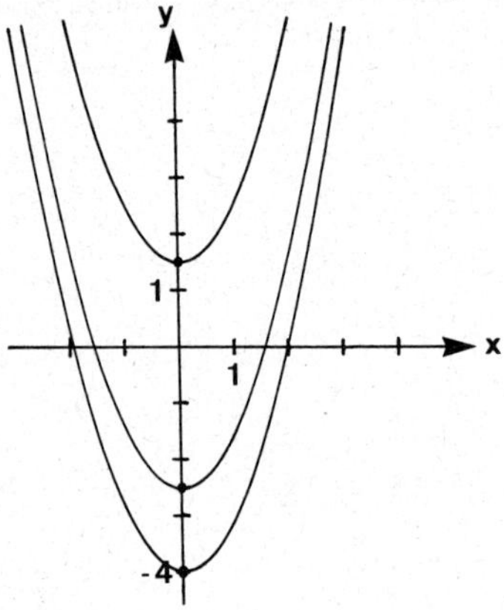

4

a) – **b)** $y_1 = x^2 + 1{,}5$; $y_2 = x^2 - 5$; $y_3 = x^2 - \frac{7}{4}$

c) $(1|2{,}5)$, $(1|-4)$, $\left(1\middle|-\frac{3}{4}\right)$

5

a) **α)** $f(0) = 15$

β) $f(0) = -36$

γ) $f(0) = -0{,}024$

b) nein!

6

a) – **b)** – **c)** Q: $1 = (-2)^2 - 3 = 1$ wahre Aussage
R: $3 = 3^2 \quad - 3 = 6$ falsche Aussage
Der Punkt Q liegt auf dem Funktionsgraphen.

7

$y = x^2 - 6$;
A: $-2 = 2^2 \quad - 6 = \ -2$ w. A.
B: $0 = 0 \quad - 6 = \ -6$ f. A.
C: $10 = 4^2 \quad - 6 = \ 10$ w. A.
D: $0{,}25 = 2{,}5^2 - 6 = 0{,}25$ w. A.

Nur der Punkt B liegt **nicht** auf dem Graphen.

8

a) $2 = 1 + c$

b) $c = 1$

c) $y = x^2 + 1$

d)

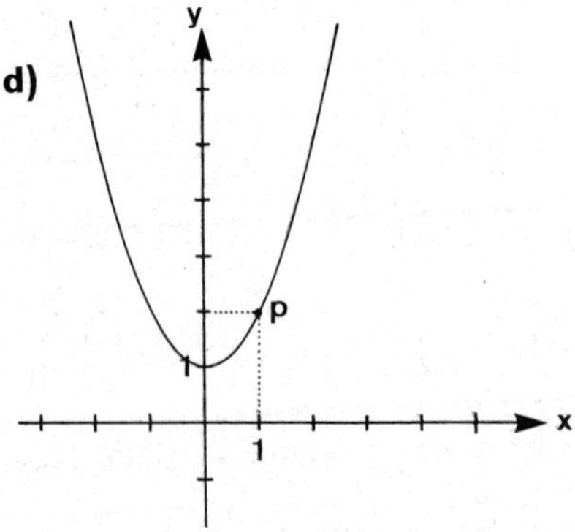

9

a) $4=(-1)^2+c \Rightarrow c=3;\quad y=x^2+3$

b) $0=2^2+c \Rightarrow c=-4;\quad y=x^2-4$

10

$y=x^2-4,\quad S(0|-4)$

11

a)

x	−3	−2	−1	0	1	2	3
y	16	9	4	1	0	1	4

b) S (1|0)

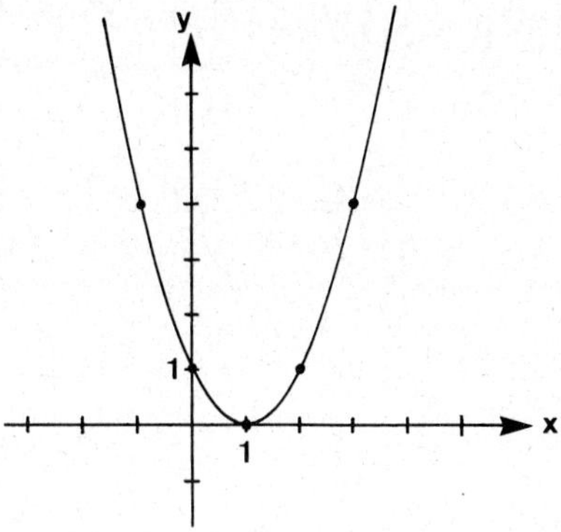

12

a)

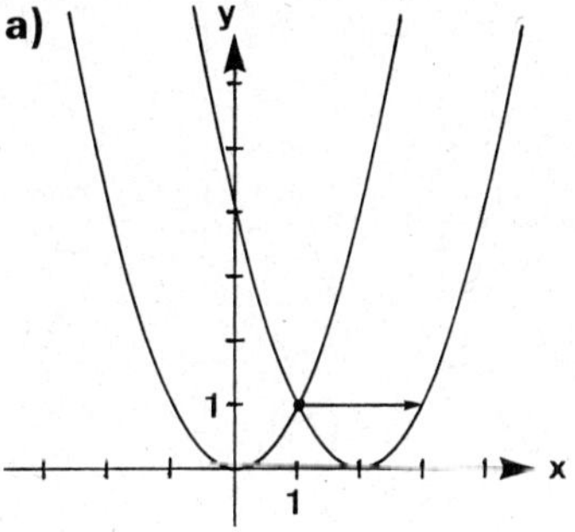

b) 2 cm

c) Q′(4|4), R′(1|1), S′(2|0)

13

a) 1 E.; 5 E.

b) $y_1=(x-1)^2,\ y_2=(x-5)^2$

14

a) P′(−1|1), Q′(+0,5|6,25), R′(−4|4), S′(−2|0)

b) Die x-Koordinaten der Bildpunkte sind um 2 Einheiten kleiner als die der Urbilder.

c) $y=(x+2)^2$

Die Bestimmung des Scheitelpunkts

1

a) S (1,5 | 0) **b)** S (−1 | 0) **c)** S (−3 | 0)

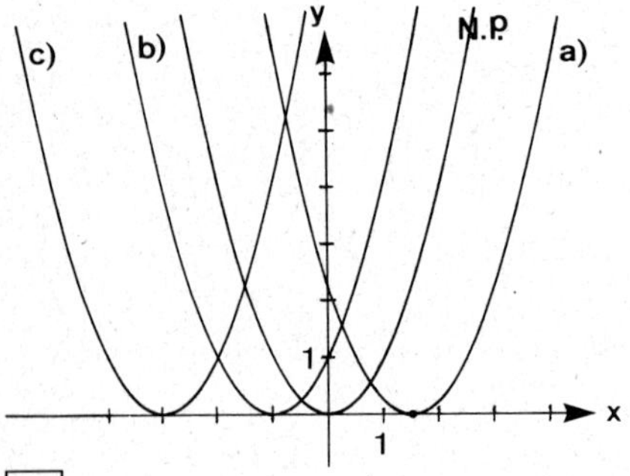

2

a) $y=(x-0{,}5)^2$ **b)** $y=(x+1{,}5)^2$ **c)** $y=(x+0{,}75)^2$

3

a) Verschiebung entlang x-Achse; $y=(x-4)^2$

b) Verschiebung entlang x-Achse; $y=\left(x+\frac{2}{3}\right)^2$

c) Verschiebung entlang y-Achse; $y=x^2+1{,}6$

d) Verschiebung entlang y-Achse; $y=x^2-28$

e) Verschiebung entlang x-Achse; $y=(x+99)^2$

f) Verschiebung entlang y-Achse; $y=x^2-99$

g) Verschiebung entlang x-Achse; $y=(x-10)^2$

h) Verschiebung entlang y-Achse; $y=x^2+10$

4

a) S (−7|0) **b)** S (0|7) **c)** S (0|−7) **d)** S (7|0)

5

a) S (12|0), Funktionswert: 0 **b)** S (0|−50), Funktionswert: −50

c) S (0|0,3), Funktionswert: 0,3 **d)** S (−100|0), Funktionswert: 0

e) S (−k|0), Funktionswert: 0.

6

a) $(x-b)^2=x^2-2bx+b^2$; $(x+b)^2=x^2+2bx+b^2$ **b)** $(x-7)^2=x^2-14x+49$

7

a) x^2+4x+4 **b)** x^2-6x+9 **c)** x^2-2x+1 **d)** $x^2+12x+36$

e) $x^2-3x+2{,}25$ **f)** $x^2+5x+6{,}25$ **g)** $x^2-2{,}4x+1{,}44$ **h)** $x^2+6{,}2x+9{,}61$

i) $x^2+x+\frac{1}{4}$ **j)** $x^2-\frac{3}{2}x+\frac{9}{16}$ **k)** $x^2+5x+\frac{25}{4}$ **l)** $x^2-\frac{8}{3}x+\frac{16}{9}$

8

a) $(x+1)^2$ **b)** $(x-4)^2$ **c)** $(x+10)^2$ **d)** $\left(x-\frac{1}{2}\right)^2$

e) $(x-1{,}2)^2$ **f)** $\left(x+\frac{1}{3}\right)^2$ **g)** $(x-2{,}5)^2$ **h)** $(x+0{,}9)^2$

9

a) $y=(x-7)^2$; $S(7|0)$ **b)** $y=(x+7)^2$; $S(-7|0)$

c) $y=(x-11)^2$; $S(11|0)$ **d)** $y=x^2-9$; $S(0|-9)$

e) $y=(x-0{,}8)^2$; $S(0{,}8|0)$ **f)** $y=x^2-\frac{1}{4}$; $S\left(0\middle|-\frac{1}{4}\right)$

10

a) – **b)** $(0|5)$, $(1|2)$, $(2|1)$, $(4|5)$

11

a) $S(-1|2)$ **b)** $S(2|1)$ **c)** $S(3|-4)$ **d)** $S(-2|-3)$

12

a) – **b)** ja **c)** $y=(x-2)^2+1$; $S(2|1)$

Die quadratische Ergänzung

1

a) $(x+5)^2+2$ **b)** $(x-1)^2-3$ **c)** $(x-6)^2-6$

d) $(x+3{,}5)^2-22{,}25$ **e)** $(x-1{,}5)^2+1{,}75$ **f)** $\left(x+\frac{1}{2}\right)^2+\frac{3}{4}$

g) $(x^2+0{,}2)^2-0{,}18$ **h)** $\left(x-\frac{1}{3}\right)^2-\frac{11}{18}$

2

a) $S(4|9)$ **b)** $S(-3|7)$ **c)** $S(1|-3{,}5)$

d) $S(-5{,}5|-40{,}25)$ **e)** $S(-4{,}5|-50{,}25)$ **f)** $S(-0{,}9|-0{,}82)$

g) $S\left(\frac{1}{8}\middle|\frac{47}{64}\right)$ **h)** $S(-0{,}2|-0{,}34)$

3

a) $S(4|-5)$ **b)** $S(-2|1{,}5)$ **c)** $S(2{,}5|2)$ **d)** $S\left(-\frac{1}{2}\middle|-4\right)$

4

a) $y=(x-3)^2-4$ **b)** $y=x^2-6x+5$

5

a) $y=(x-1)^2+6;\quad y=x^2-2x+7$

b) $y=(x+5)^2+12;\quad y=x^2+10x+37$

c) $y=(x+8)^2-36;\quad y=x^2+16x+28$

d) $y=(x-2{,}5)^2-7;\quad y=x^2-5x-0{,}75$

e) $y=\left(x-\frac{2}{3}\right)^2-\frac{1}{9};\quad y=x^2-\frac{4}{3}x+\frac{1}{3}$

6

a) α) $S(-2|1);\quad y=(x+2)^2+1$ **β)** $y=x^2+4x+5$

b) α) $S(1|-1{,}5);\quad y=(x-1)^2-1{,}5$ **β)** $y=x^2-2x-0{,}5$

c) α) $S(-2|-2{,}5);\quad y=(x+2)^2-2{,}5$ **β)** $y=x^2+4x+1{,}5$

7

a) $y=(x-2)^2;\quad S(2|0)$ **b)** $S(2|-8)$ **c)** $S(0|81)$

d) $S(0|-81)$ **e)** $S(2{,}5|-6{,}25)$ **f)** $S(-3|-9)$

(*) 8

$y=x^2+bx+c$

$y=x^2+bx+\left(\frac{b}{2}\right)^2-\left(\frac{b}{2}\right)^2+c=\left(x+\frac{b}{2}\right)^2-\frac{b^2}{4}+c$

$S\left(-\frac{b}{2}\middle|-\frac{b^2}{4}+c\right)$

9

a) $S(2{,}5|-0{,}25)$; kleinster Funktionswert: $-0{,}25$

b) $S(-0{,}7|1{,}81)$; kleinster Funktionswert: $1{,}81$

c) $S(15|-325)$; kleinster Funktionswert: -325

d) $S\left(-\frac{2}{7}\middle|0\right)$; kleinster Funktionswert: 0

e) $S(-2{,}1|-4{,}41)$; kleinster Funktionswert: $-4{,}41$

f) $S(0|-9)$; kleinster Funktionswert: -9

10

a) **α)** $S(1|-5)$ **β)** $-4=4-4-4$ w. A.

b) **α)** $S(-2|1{,}5)$ **β)** $8=1+4+5{,}5$ f. A.

c) **α)** $S(3|0)$ **β)** $1=16-24+9$ w. A.

d) **α)** $S(-3{,}5|-12{,}25)$ **β)** $10=4-14$ f. A.

Bei a) und c) liegt P auf dem Funktionsgraphen.

Test

1

a) $y=(x-3)^2+7$ $y=x^2-6x+16$

b) $y=(x+5)^2$ $y=x^2+10x+25$

c) $y=x^2-1{,}4$

d) $y=(x+1)^2+1$ $y=x^2+2x+2$

2

a) $S(5|4)$ **b)** $S(1{,}2|0)$

c) $S(6|4)$ **d)** $S(0|-16)$

3

a) $S(-2|-3)$ **b)** $S(2|-4)$ ⟶

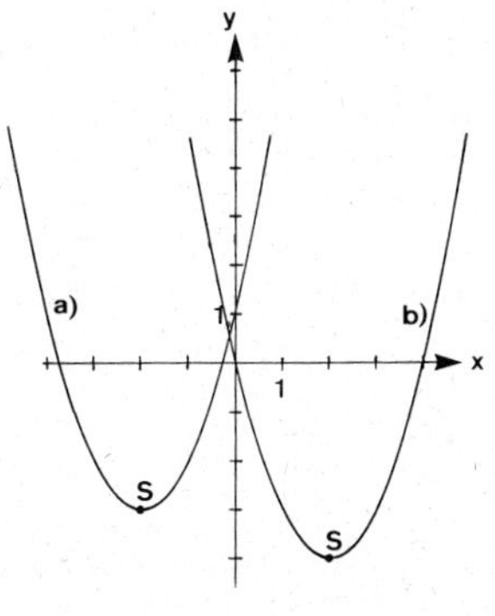

4

a) $S(-4{,}5|-12{,}25)$
kleinster Funktionswert: $-12{,}25$

b) $5=4-18+8$ f. A.
P liegt nicht auf dem Graphen.

3. Die allgemeine quadratische Funktion

Eigenschaften des Graphen

1

a) -

b) -

c)

x	-2	-1	0	1	2
$2x^2$	8	2	0	2	8
x^2	4	1	0	1	4

2

x	-2	-1	0	1	2
$\frac{1}{2}x^2$	2	$\frac{1}{2}$	0	$\frac{1}{2}$	2

Die Funktionswerte sind halb so groß wie bei der Normalparabel und ein Viertel so groß wie bei $y=2x^2$!

3

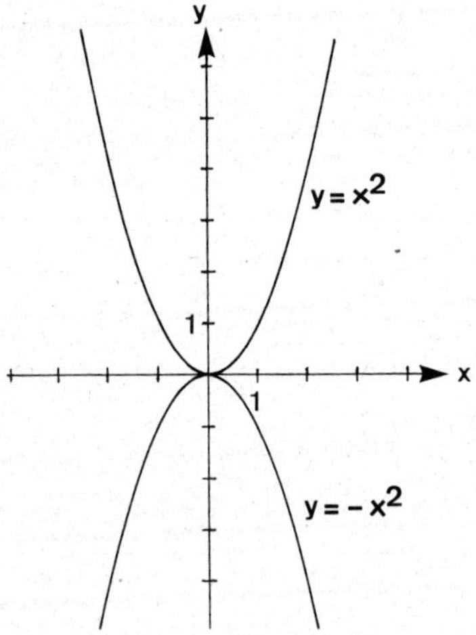

Die Funktionswerte von $y=-x^2$ haben entgegengesetztes Vorzeichen gegenüber der Normalparabel.

Spiegelung an der x-Achse bildet die beiden Graphen aufeinander ab.

4

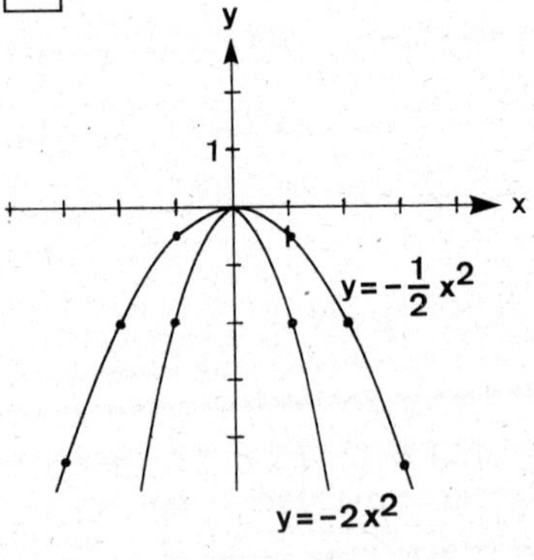

5

a)

x	−3	−2	−1	0	1	2	3
y	13,5	6	1,5	0	1,5	6	13,5

b)

x	−3	−2	1	0	1	2	3
y	−5,4	−2,4	−0,6	0	−0,6	−2,4	−5,4

c)

x	−3	−2	−1	0	1	2	3
y	6	$\frac{8}{3}$	$\frac{2}{3}$	0	$\frac{2}{3}$	$\frac{8}{3}$	6

d)

x	−3	−2	−1	0	1	2	3
y	$-20\frac{1}{4}$	−9	$-\frac{9}{4}$	0	$-\frac{9}{4}$	−9	$-20\frac{1}{4}$

a), c) nach oben geöffnete Parabeln;
b), d) nach unten geöffnete Parabeln.

6

a) –   **b)** im Ursprung; 0   **c)** nein!

d) Sämtliche Funktionswerte sind negativ, der größte Funktionswert ist daher 0.

7

a) nach oben geöffnete Parabel, kleinster Funktionswert: 0

b) nach unten geöffnete Parabel, größter Funktionswert: 0

c) siehe b)

d) siehe a)

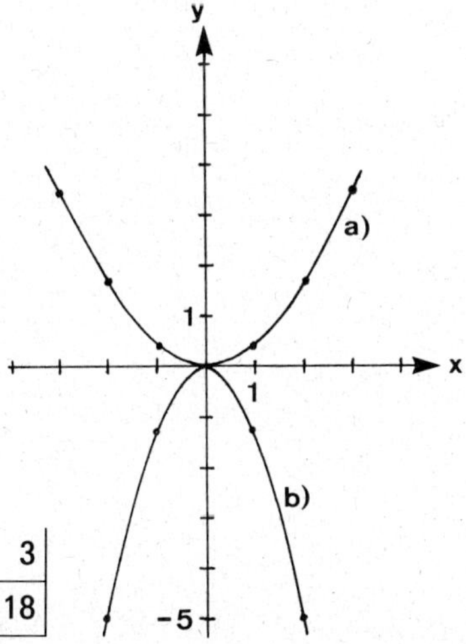

8

a)

x	−3	−2	−1	0	1	2	3
y	−18	−8	−2	0	−2	−8	−18

b) Die Funktionswerte werden kleiner für positive x-Werte, die größer werden (rechts von S), und größer für negative x-Werte, die größer werden (links von S).

c) Es verhält sich genau umgekehrt.

9

	$x \mapsto y = 4x^2$	$x \mapsto y = -3x^2$
Symmetrie zur y-Achse	ja	ja
größter Funktionswert	nein	ja (0)
kleinster Funktionswert	ja (0)	nein
Öffnung nach ...	oben	unten
Steigen/Fallen des Graphen rechts von S	Steigen	Fallen
links von S	Fallen	Steigen

10

a) –

b) $y = 3x^2$ besitzt die größeren Funktionswerte, $y = \frac{1}{3}x^2$ die jeweils kleinsten.

11

a) gestaucht; $0{,}8 < 1$; nach oben geöffnet

b) gestaucht; $|-0{,}9| = 0{,}9 < 1$; nach unten geöffnet

c) gestreckt; $\left|-1\frac{2}{3}\right| = 1\frac{2}{3} > 1$; nach unten geöffnet

d) gestreckt; $|-100| = 100 > 1$; nach unten geöffnet

e) gestaucht; $\frac{5}{7} < 1$; nach oben geöffnet

f) gestreckt; $1{,}0001 > 1$; nach oben geöffnet

12

a) $y = -2{,}2x^2$

b) $3{,}5 = a \cdot 1 \Rightarrow a = 3{,}5 \Rightarrow y = 3{,}5x^2$

c) $y = \frac{1}{2}x^2$

d) $y = -x^2$

Die Scheitelform

1

a)

x	0	1	2	3	4
y	9	3	1	3	9

b) S(2|1)

c) Um den Faktor 2 gestreckt.

d) Die Graphen sind gleich.

2

a) S(1|2) **b)** S(3|−5) **c)** S(−1,5|−6) **d)** S(−5|20)

e) S(−3|−9) **f)** S(1|12)

3

a) S(−2|−3)

b) $f(-1) = 1{,}5 - 6 + 3 = -1{,}5$ und $f(-3) = 13{,}5 - 18 + 3 = -1{,}5$
Sie sind gleich groß.

c) $f(0) = 3$ und $f(-4) = 24 - 24 + 3 = 3$
$f(1) = 1{,}5 + 6 + 3 = 10{,}5$ und $f(-5) = 37{,}5 - 30 + 3 = 10{,}5$

d) –

4

S(−2|−5)
$f(-3) = 18 - 24 + 3 = -3$ und
$f(-1) = 2 - 8 + 3 = -3$ ⟶
$f(-4) = 32 - 32 + 3 = 3$ und
$f(0) = 3$

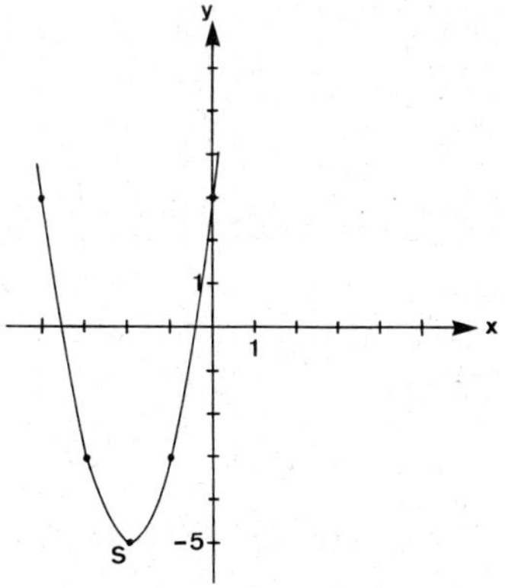

5

a) S(−1|3) **b)** S(2|8)

c) S(4|−7) **d)** S(5|6)

6

a) zu δ) **b)** zu α) **c)** zu ζ)

d) zu ε) **e)** zu γ) **f)** zu β)

7

a) zu δ) **b)** zu α) **c)** zu β) **d)** zu γ)

8

a) Maximum: 11 bei $x=-4$

b) Minimum: -9 bei $x=6$

c) Maximum: 0,25 bei $x=-2{,}5$

d) Minimum: 10 bei $x=-13$

e) Minimum: -12 bei $x=5$

f) Maximum: 0 bei $x=15$

9

a) $y=6(x-3)^2+7$ **b)** $y=6x^2-36x+61$

10

a) $y=-8(x-0{,}5)^2+9$; $y=-8x^2+8x+7$

b) $y=0{,}4(x+10)^2-22$; $y=0{,}4x^2+8x+18$

c) $y=-\frac{5}{6}(x+3)^2+\frac{1}{2}$; $y=-\frac{5}{6}x^2-5x-7$

11

a) $S(-1|-3)$; $y=2(x+1)^2-3$

b) **α)** – **β)** $y=2x^2+4x-1$; $5=2+4-1$ wahre Aussage

γ) $5=2(1+1)^2-3=8-3$ wahre Aussage

12

$7=-27+36-2=7$; d.h. P liegt auf dem Graphen.

13

a) $Q(6|4)$ **b)** R: $3=-8+24-14$ falsche Aussage

c) P: $-4=-2+12-14=-4$ wahre Aussage, d.h. P liegt auf dem Funktionsgraphen.

Schnittpunkte mit den Koordinatenachsen

1

a) $S(-1|-4{,}5)$ **b)** $(2|0)$ und $(-4|0)$

c) $0=2+2-4$ wahre Aussage $0=8-4-4$ wahre Aussage

2

a) $(3|0)$ und $(1|0)$ **b)** $(2|0)$ und $(-2|0)$

c) $(-1|0)$ und $(5|0)$ **d)** $(0|0)$ und $(8|0)$

3

a) keine Nullstelle

b) eine Nullstelle: $(3|0)$

4

$(0|5)$

5

a) $(0|15)$ **b)** $(0|5)$

6

a) $(1|0)$; $(-3|0)$ **b)** $(0|-3)$

7

$y=4x^2-40x+92$

8

$y=a(x+6)^2-5$; $1=a(-3+6)^2-5$

$1=9a-5 \Rightarrow a=\frac{2}{3}$

$y=\frac{2}{3}x^2+8x+19$

9

a) $y=a(x-4)^2+1$; $13=a(2-4)^2+1$

$13=4a+1 \Rightarrow a=3$

$y=3x^2-24x+49$

b) $y=a(x-1{,}5)^2+18$; $14=a(3{,}5-1{,}5)^2+18$

$14=4a+18 \Rightarrow a=-1$

$y=-x^2+3x+15{,}75$

c) $y=a(x+10)^2-7$; $-15=a(-6+10)^2-7$

$-15=16a-7 \Rightarrow a=-\frac{1}{2}$

$y=-\frac{1}{2}x^2-10x-57$

d) $y=a(x+5)^2-3$; $7=a(5+5)^2-3$

$7=100a-3 \Rightarrow a=0{,}1$

$y=0{,}1x^2+x-0{,}5$

4. Anwendungsaufgaben

Kleinste und größte Zahlen

1

a)

m	n	m·n
1	8	$1 \cdot 8 = 8$
2	7	$2 \cdot 7 = 14$
2,5	6,5	$2{,}5 \cdot 6{,}5 = 16{,}25$
6	3	$6 \cdot 3 = 18$
7	2	$7 \cdot 2 = 14$

b) –

c) $y = -x^2 + 9x$; $S(4{,}5|20{,}25)$

d) $9 - x_s = 9 - 4{,}5 = 4{,}5$

e) $4{,}5 \cdot 4{,}5 = 20{,}25$; es ist die y-Koordinate des Scheitelpunkts oder der Funktionswert an der Stelle 4,5.

2

a) $y = x(5 - x)$; $S(2{,}5|6{,}25)$ Die Zahlen lauten 2,5 und 2,5.

b) $y = x(100 - x)$; $S(50|2500)$ Die Zahlen lauten 50 und 50.

c) $y = x(1 - x)$; $S\left(\frac{1}{2}\middle|\frac{1}{4}\right)$ Die Zahlen lauten $\frac{1}{2}$ und $\frac{1}{2}$.

3

a) $6 \cdot (6 - 4) = 6 \cdot 2 = 12$

b) $7 \cdot (7 + 5) = 7 \cdot 12 = 84$

c) $3 \cdot 4 \cdot (3 + 2) = 12 \cdot 5 = 60$

d) $10 \cdot 2 \cdot (10 - 3) = 20 \cdot 7 = 140$

e) $x \cdot (x + 7) = x^2 + 7x$

f) $p \cdot \frac{1}{2}(p - 9) = \frac{1}{2}p^2 - \frac{9}{2}p$

4

a) $x \cdot (x + 3)$

b) $y = x^2 + 3x$ und $y = (x + 1{,}5)^2 - 2{,}25$

c) Einen kleinsten Funktionswert, da nach oben geöffnet.

d) für $x = -1{,}5$; $-2{,}25$

5

$y = x \cdot (x-8) = x^2 - 8x$; $y = (x-4)^2 - 16$
Für $x = 4$ ist das Produkt minimal, und zwar -16.

6

a) $y = x \cdot (x-6) = x^2 - 6x$; $y = (x-3)^2 - 9$
Für $x = 3$ ist das Produkt minimal, und zwar -9.

b) $y = 2x(x+4) = 2x^2 + 8x$; $y = 2 \cdot (x+2)^2 - 8$
Für $x = -2$ ist das Produkt minimal, und zwar -8.

c) $y = \frac{1}{2}x(x-1) = \frac{1}{2}x^2 - \frac{1}{2}x$; $y = \frac{1}{2}\left(x - \frac{1}{2}\right)^2 - \frac{1}{8}$
Für $x = \frac{1}{2}$ ist das Produkt minimal, und zwar $-\frac{1}{8}$.

Flächeninhalte von Rechtecken

1

a)

a	1 cm	2 cm	4 cm	7 cm	9 cm
b	11 cm	10 cm	8 cm	5 cm	3 cm
$A = a \cdot b$	11 cm^2	20 cm^2	32 cm^2	35 cm^2	27 cm^2

b) $24 = 2a + 2b \Rightarrow b = 12 - a$ **c)** - **d)** $y = -x^2 + 12x$; $S(6|36)$

e) $x = 6$; $a = 6$ cm; $b = 6$ cm

2

$30 = 2a + 2b \Rightarrow b = 15 - a$
$y = x(15 - x) = -x^2 + 15x$; $S(7{,}5|56{,}25)$
Die Seitenlängen sind $a = b = 7{,}5$ cm.

3

a) $A = a \cdot (18 - a)$ **b)** $x \mapsto y = x(18 - x) = -x^2 + 18x$

c) $S(9|81)$ **d)** $a = 9$ m und $A = 81$ m^2

4

$b = \frac{1}{2}(20 - a) = 10 - \frac{1}{2}a$; $A = a \cdot \left(10 - \frac{1}{2}a\right)$

$x \mapsto y = -\frac{1}{2}x^2 + 10x$; S(10|50)

Die Seitenlängen betragen $a = 10$ m und $b = 5$ m.

5

a) $A = a \cdot b = 14 \cdot 8\ cm^2 = 112\ cm^2$

b) $A = (a-1) \cdot (b+1) = 13 \cdot 9\ cm^2 = 117\ cm^2$

c) $A = (a-x) \cdot (b+x) = (14-x) \cdot (8+x)$

d) $y = -x^2 + 6x + 112$; $y = -(x-3)^2 + 121$

e) $x = 3$

f) 14 cm − 3 cm = 11 cm und 8 cm + 3 cm = 11 cm
Der maximale Flächeninhalt beträgt 121 cm^2.

6

$x \mapsto y = (18-x) \cdot (7+x) = -x^2 + 11x + 126$; S(5,5|156,25)
18 − 5,5 = 12,5 und 7 + 5,5 = 12,5
Das maximale Rechteck hat die Seiten $a = b = 12,5$ cm und den Flächeninhalt 156,25 cm^2.

7

Um 3 cm.

8

a) – **b)** $a = 4$ cm, $b = 1$ cm; $A = 4\ cm^2$

c) z. B.: $a = 3$ cm, $b = 2$ cm; $A = 6\ cm^2$

9

a) y-Koordinate von P: $-x+5$; $A = x \cdot (-x+5)$

b) $x \mapsto y = -x^2 + 5x$; S(2,5|6,25) **c)** $a = b = 2,5$ cm; $A = 6,25\ cm^2$

10

$a = b = 1,5$ cm; $A = 2,25\ cm^2$

(*) **11**

a) $a = 1,75$ cm; $b = 3,5$ cm; $A = 6,125\ cm^2$

b) $a = 3$ cm; $b = 1,5$ cm; $A = 4,5\ cm^2$

(*) Aus der Wirtschaft

1

a)

Stückpreis	verkaufte Stücke	Einnahme
15 DM	1000	15000 DM
14,90 DM	1010	15049 DM
14,80 DM	1020	15096 DM
⋮	⋮	⋮

b) Preisnachlass: $15-0{,}1\cdot x$
Anzahl verkaufter Stücke: $1000+10\cdot x$

c) $(15-0{,}1\cdot x)\cdot(1000+10\cdot x)=-x^2+50x+15000$

d) S(25|15625). Für 12,50 DM werden 1250 Stück abgesetzt.

2

a)

Stückzahl	Einnahme	Festkosten	Zusatzkosten	Gewinn
100	5000 DM	1000 DM	200 DM	3800 DM
200	10000 DM	1000 DM	800 DM	8200 DM
500	25000 DM	1000 DM	5000 DM	19000 DM
1000	50000 DM	1000 DM	20000 DM	29000 DM
2000	100000 DM	1000 DM	80000 DM	19000 DM

b) $x \mapsto y=50x-1000-0{,}02x^2=-0{,}02x^2+50x-1000$

c) S(1250|30250). Bei 1250 Stück beträgt der Gewinn 30250 DM.

3

$x \mapsto y=100x-8000-0{,}05x^2=-0{,}05x^2+100x-8000$
S(1000|42000)
Bei 1000 Stück erzielt man einen Gewinn von 42000 DM.

Test

1

a) S (4| −3)

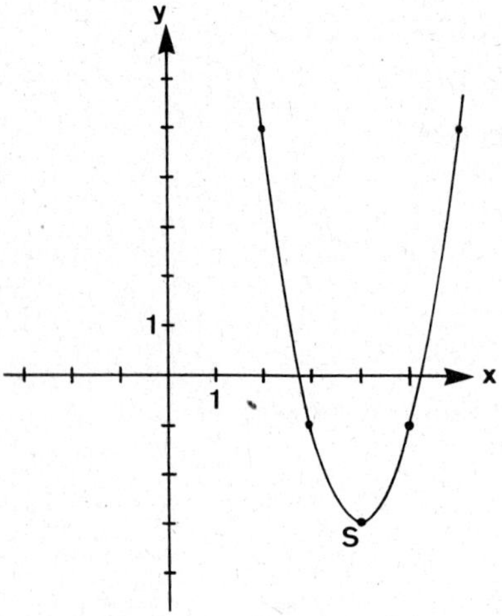

b) S (1|2,5)

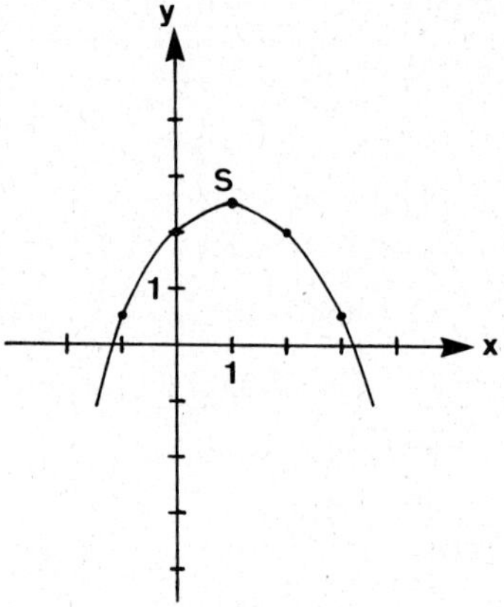

2

a) S (1|9) Maximum **b)** S (6| −4) Minimum

P (2|4) liegt auf dem Funktionsgraphen von b).

3

a) $y = 1{,}5\,(x-2)^2 - 7 = 1{,}5\,x^2 - 6\,x - 1$

b) $y = -1{,}5\,(x-2)^2 + 7 = -1{,}5\,x^2 + 6\,x + 1$

4

$y = x \cdot 2\,(x-4) = 2\,x^2 - 8\,x$; S (2| −8)

Die Zahl ist 2, das minimale Produkt beträgt −8.

II. Quadratische Gleichungen

1. Rein-quadratische Gleichungen

1

a) -

b) $N_1(2|0)$, $N_2(-2|0)$

2

$x_1 = 2$ oder $x_2 = -2$

3

a) $x^2 - 2{,}25 = 0$, $x_1 = 1{,}5$ oder $x_2 = -1{,}5$

b) $x^2 - 4x + 4 = 0$, $x = 2$

c) $x^2 = 0$, $x = 0$

d) $x^2 + 1 = 0$, keine Lösung

4

a) $L = \{-8; 8\}$

b) $L = \{-11; 11\}$

c) $L = \{-0{,}3; 0{,}3\}$

d) $L = \{-3{,}5; 3{,}5\}$

e) $L = \left\{-\frac{2}{3}; \frac{2}{3}\right\}$

f) $L = \left\{-\frac{5}{7}; \frac{5}{7}\right\}$

5

a) Die Gleichung $x^2 = -4$ hat keine Lösung. Es gibt keine reelle Zahl, die quadriert -4 ergibt.
(Das Quadrat einer Zahl ist **immer** positiv oder Null!)

6

a) $L = \{-1; 1\}$

b) $L = \{\ \}$

c) $L = \{-6; 6\}$

d) $L = \{0\}$

e) $L = \{\ \}$

f) $L = \{-3; 3\}$

7

a) $L = \{-\sqrt{3}; \sqrt{3}\}$

b) $L = \{-2\sqrt{2}; 2\sqrt{2}\}$

c) $L = \{\ \}$

d) $L = \{-\sqrt{0{,}2}; \sqrt{0{,}2}\}$

e) $L = \left\{-\frac{1}{2}\sqrt{2}; \frac{1}{2}\sqrt{2}\right\}$

f) $L = \{-10\sqrt{10}; 10\sqrt{10}\}$

g) $L = \{\ \}$

h) $L = \{-18; 18\}$

i) $L = \left\{-\frac{1}{3}\sqrt{2}; \frac{1}{3}\sqrt{2}\right\}$

8

a) $L=\{-5;\ 5\}$ **b)** $L=\{\ \}$ **c)** $L=\{0\}$

d) $L=\left\{-\frac{1}{2};\ \frac{1}{2}\right\}$ **e)** $L=\{\ \}$ **f)** $L=\{-\sqrt{6};\ \sqrt{6}\}$

g) $L=\{\ \}$ **h)** $L=\left\{-\frac{1}{2};\ \frac{1}{2}\right\}$ **i)** $L=\{\ \}$

9

a) $L=\{-2;\ 2\}$ **b)** $L=\{-\sqrt{5};\ \sqrt{5}\}$ **c)** $L=\{-2\sqrt{5};\ 2\sqrt{5}\}$

d) $L=\{-2;\ 2\}$ **e)** $L=\{0\}$ **f)** $L=\{-\sqrt{2};\ \sqrt{2}\}$

g) $L=\{\ \}$ **h)** $L=\left\{-\frac{1}{6}\sqrt{6};\ \frac{1}{6}\sqrt{6}\right\}$

10

a) $L=\{-4;\ 4\}$ **b)** $L=\{\ \}$ **c)** $L=\{-1;\ 1\}$

d) $L=\{0\}$ **e)** $L=\{-2;\ 2\}$

2. Gemischt-quadratische Gleichungen

Lösen durch Ausklammern

1

a) $x(x+3)=0$ **b)** $x_1=0$ oder $x_2=-3$

2

$x_1=0$ oder $x_2=7$

3

a) $L=\{0;\ 4\}$ **b)** $L=\{0;\ -9\}$

Die **Null** ist vorher auch schon aufgetaucht.

4

a) von α): $N_1(0|0)$ und $N_2(3|0)$; von β): $N_1(0|0)$ und $N_2(-4|0)$
Beide Graphen verlaufen durch den Ursprung $(0|0)$.

b) $L=\{0;\ 3\}$ und $L=\{-4;\ 0\}$

5

a) $L=\{-3;\ 0\}$ **b)** $L=\{-5;\ 0\}$ **c)** $L=\{0;\ 1\}$

d) $L=\{0;\ 4\}$ **e)** $L=\{0;\ 2\}$ **f)** $L=\{0;\ 0{,}5\}$

g) $L=\left\{0;\ \frac{8}{9}\right\}$ **h)** $L=\left\{0;\ \frac{5}{9}\right\}$

6

a) $x^2+\frac{b}{a}x=0$

b) $x\left(x+\frac{b}{a}\right)=0;\quad x_1=0$ oder $x_2=-\frac{b}{a}$

c) $a=3;\quad b=5;\quad L=\left\{-\frac{5}{3};\ 0\right\}$

7

a) $L=\left\{0;\ \frac{2}{3}\right\}$ **b)** $L=\{-2{,}5;\ 0\}$ **c)** $L=\{-1;\ 0\}$

Lösen durch quadratische Ergänzung

1

–

2

a) $L=\{1;\ 9\}$ **b)** $L=\{2;\ 4{,}4\}$ **c)** $L=\{-3;\ -1\}$

d) $L=\left\{-\frac{4}{3};\ -\frac{2}{3}\right\}$ **e)** $L=\{7+\sqrt{3};\ 7-\sqrt{3}\}$ **f)** $L=\{-4+\sqrt{5};\ -4-\sqrt{5}\}$

3

a) 16 **b)** 12,25 **c)** $\frac{1}{4}$ **d)** 1,44 **e)** 0,01 **f)** $\frac{1}{9}$

4

a) $L=\{-3;\ -1\}$ **b)** $L=\{2;\ 3\}$ **c)** $L=\{3;\ 7\}$ **d)** $L=\{-5;\ -4\}$

5

a) $L=\{2;\ 5\}$ **b)** $L=\{-3;\ 1\}$ **c)** $L=\{-4;\ 6\}$

d) $L=\{2\}$ **e)** $L=\{-1;\ 2\}$ **f)** $L=\{\ \}$

g) $L=\left\{\frac{1}{3}; \frac{2}{3}\right\}$ **h)** $L=\{0{,}5; 2\}$ **i)** $L=\{-9\}$

j) $L=\{10; 12\}$ **k)** $L=\{\ \}$ **l)** $L=\{14; 15\}$

6

$L=\{3; 5\}$

7

a) $L=\{-1; 3\}$ **b)** $L=\{-5; -1\}$ **c)** $L=\{-5; -1\}$

d) $L=\{-4; 1\}$ **e)** $L=\left\{-2\frac{2}{3}; 3\right\}$ **f)** $L=\{\ \}$

g) $L=\left\{1\frac{2}{3}; 2\right\}$ **h)** $L=\{\ \}$

Die Lösungsformel

1

a) $a=3, \quad b=-4, \quad c=-7$ **b)** $D=100$

c) $x_1=-1$ oder $x_2=+\frac{7}{3}$

2

a) $x_1=-0{,}5$ oder $x_2=-7$ **b)** keine Lösung

c) $x_1=-0{,}75$ oder $x_2=2{,}5$ **d)** $x=1{,}5$

e) keine Lösung **f)** $x=4$

3

a) $L=\{-1; 2\}$ **b)** $L=\{-3; 5\}$ **c)** $L=\left\{\frac{1}{2}; 4\right\}$

d) $L=\{5; 8\}$ **e)** $L=\{1{,}8; 3{,}2\}$ **f)** $L=\{\ \}$

g) $L=\{-2{,}7\}$ **h)** $L=\{12\}$ **i)** $L=\{2-\sqrt{5}; 2+\sqrt{5}\}$

4

a) $L=\{-2; -0{,}4\}$ **b)** $L=\{2\}$ **c)** $L=\{1; 2\}$

d) $L=\{0{,}2; 2{,}6\}$ **e)** $L=\{12\}$ **f)** $L=\{\ \}$

g) $L=\left\{\frac{1}{5}; \frac{5}{3}\right\}$ **h)** $L=\{\ \}$

5 **a)** zu β) **b)** zu γ) **c)** zu α)

6

$N_1\left(\frac{1}{3}\middle|0\right)$; $N_2\left(\frac{2}{3}\middle|0\right)$

7

a) $N_1(3|0)$; $N_2(7|0)$ **b)** $N_1(-0{,}75|0)$; $N_2(-0{,}2|0)$

c) keine Nullstelle **d)** $N(5|0)$

e) keine Nullstelle **f)** keine Nullstelle

8

a) $L=\{-\sqrt{2};\ \sqrt{2}\}$ **b)** $L=\{0;\ 2\}$ **c)** $L=\{1\}$

d) $L=\{1-\sqrt{2};\ 1+\sqrt{2}\}$ **e)** $L=\{\ \}$

9

a) $L=\{-3;\ 1\}$ **b)** -

10

a) $L=\{\ \}$ **b)** $L=\{-0{,}5;\ 4\}$ **c)** $L=\left\{-\frac{2}{3};\ 2\right\}$

d) $L=\{\ \}$ **e)** $L=\left\{-\frac{1}{3};\ 1\right\}$ **f)** $L=\{-10;\ 5\}$

11

a) $x^2+px=-q$ **b)** $x^2+px+\left(\frac{p}{2}\right)^2=-q+\left(\frac{p}{2}\right)^2$

c) $\left(x+\frac{p}{2}\right)^2=-q+\left(\frac{p}{2}\right)^2$ **d)** $D=\frac{p^2}{4}-q$

e) $x+\frac{p}{2}=\sqrt{D}$ oder $x+\frac{p}{2}=-\sqrt{D}$

12

a) $L=\{-4;\ -0{,}5\}$ **b)** $L=\{-6;\ 2\}$ **c)** $L=\{-5;\ -2\}$

d) $L=\{-1;\ 12\}$ **e)** $L=\{\ \}$ **f)** $L=\{8\}$

13

a) $L=\left\{\frac{4}{3};\ 3\right\}$ **b)** $L=\{-5;\ 0{,}75\}$ **c)** $L=\{-0{,}2;\ -0{,}75\}$

d) $L=\{2\}$ **e)** $L=\{\ \}$ **f)** $L=\{4;\ 6\}$

3. Der Satz von VIETA

Der Zusammenhang zwischen Koeffizienten und Lösungen

1

a) - **b)** $S(-1|-4)$ **c)** $y=(x+1)^2-4=x^2+2x-3$

2

a) $S(3|-4)$; $y=(x-3)^2-4=x^2-6x+5$

b) $S(-0{,}5|1)$; $y=(x+0{,}5)^2-1=x^2+x-0{,}75$

3

a) $x^2-6x+5=0$; - **b)** $x^2+x-0{,}75=0$; -

4

$x_1=5$; $x_2=2$; $x_1+x_2=7=-p$; $x_1\cdot x_2=10=q$

5

a) $x_1+x_2=-3+4=1=-p$; $x_1\cdot x_2=-3\cdot 4=-12=q$

b) $x_1+x_2=2+7=9=-p$; $x_1\cdot x_2=2\cdot 7=14=q$

c) $x_1+x_2=-6-4{,}5=-10{,}5=-p$; $x_1\cdot x_2=(-6)\cdot(-4{,}5)=27=q$

6

a) $x^2-10x+24=0$ **b)** $x^2-x-6=0$ **c)** $x^2+6x+5=0$

d) $x^2-7x=0$ **e)** $x^2+1{,}2x-0{,}45=0$ **f)** $x^2-4x+4=0$

7

a) $x^2-7{,}5x+12{,}25=0$ **b)** $x^2+3{,}1x-1{,}8=0$ **c)** $x^2+\frac{5}{6}+\frac{1}{9}=0$

d) $x^2-6x+9=0$ **e)** $x^2+2{,}5x=0$ **f)** $x^2=0$

8

Nein! Der Satz von VIETA setzt voraus, dass Lösungen vorhanden sind. Außerdem gibt es unendlich viele quadratische Gleichungen, deren Lösungsmenge leer ist, und man kann nicht entscheiden, welche davon gemeint ist.

9

$x_1 = 2$ und $x_2 = -10$ sind die Lösungen!

10

a) ja **b)** ja **c)** ja **d)** ja

11

a) ja **b)** nein, $L = \{-9; 1\}$ **c)** ja

d) ja **e)** ja **f)** nein, $L = \{-2 + 2 \cdot \sqrt{2}; -2 - 2 \cdot \sqrt{2}\}$

12

a) $x_1 + x_2 = -3 + 5 = 2 = -p$; $x_1 \cdot x_2 = -3 \cdot 5 = -15 = q$

b) $x^2 + 3x - 5x - 15 = x^2 - 2x - 15$

13

a) $L = \{4; 6\}$ **b)** $L = \{-4{,}7; -1{,}6\}$ **c)** $L = \left\{-3\frac{3}{4}; \frac{5}{6}\right\}$

d) $L = \{-\sqrt{2}; \sqrt{3}\}$ **e)** $L = \{-2; 2\}$ **f)** $L = \{-9\}$

Zerlegung von Termen in Linearfaktoren

1

a) $(x-3) \cdot (x-7) = 0$

b) $x^2 - 10x + 21 = 0$ **c)** $L = \{3; 7\}$

2

a) $(x-3) \cdot (x+7) = 0$; $x^2 + 4x - 21 = 0$

b) $(x+3) \cdot (x+7) = 0$; $x^2 + 10x + 21 = 0$

c) $(x-3) \cdot x = 0$; $x^2 - 3x = 0$ **d)** $(x-3)^2 = 0$; $x^2 - 6x + 9 = 0$

3

a) $(x+2) \cdot (x-7) = 0$ **b)** $(x+2) \cdot \left(x - \frac{4}{3}\right) = 0$

c) $(x+1) \cdot (x-1{,}5) = 0$ **d)** $\left(x - \frac{1}{2} + \frac{\sqrt{2}}{2}\right) \cdot \left(x - \frac{1}{2} - \frac{\sqrt{2}}{2}\right) = 0$

4

a) $L = \{-1{,}5;\ 4\}$

b) $x^2 - 2{,}5x - 6 = (x-4)\cdot(x+1{,}5)$

5

a) $(x-12)\cdot(x+1)$

b) $\left(x+1\frac{1}{2}\right)^2$

c) $(x-7)(x+7)$

d) nicht möglich

e) $(x+12)(x-3)$

f) $\left(x-\frac{1}{2}\right)\left(x-\frac{1}{4}\right)$

6

a) $(x+1)(x-3)$

b) $2\cdot(x+1)\cdot(x-3)$

c) ja

7

a) $(x-1)(x-27)$

b) $2\cdot(x-2)\cdot(x+0{,}5)$

c) keine Zerlegung möglich

Test

1

a) $L = \{3;\ 7\}$

b) $L = \{\ \}$

c) $L = \{13\}$

2

a) $N_1(1|0)$, $N_2(3|0)$

b) $N(2|0)$

3

a) $L = \{\ \}$

b) $L = \{-1;\ 12\}$

4

a) $L = \{0;\ 4\}$

b) $L = \{-2;\ 2\}$

5

a) $x^2 - x - 3{,}75 = 0$

b) $x^2 + 7x = 0$

6

a) $x_1 + x_2 = 4 + 5 = 9 = -p$; $x_1 \cdot x_2 = 4 \cdot 5 = 20 = q \Rightarrow$ ja!

b) $(x-3)\cdot(x+5)$

4. Graphische Lösungsverfahren

1

a) $S(3|-4)$ **b)** $N_1(1|0)$, $N_2(5|0)$ **c)** ja

2

a) $L=\{-3; 2\}$ **b)** $S(-0{,}5|-6{,}25)$ **c)** ja

3

a) $L=\{-3; -1\}$ **b)** $L=\{-1{,}5; 3{,}5\}$

4

a) $L=\left\{\frac{1}{2}+\frac{1}{2}\sqrt{6}; \frac{1}{2}-\frac{1}{2}\sqrt{6}\right\}\approx\{1{,}7; -0{,}7\}$

b) $L=\{1+\sqrt{3}; 1-\sqrt{3}\}\approx\{2{,}7; -0{,}7\}$

5

$L=\{-4; 1\}$; Normalform: $x^2+3x-4=0$

6

a) $L=\{-1{,}4; 2\}$ **b)** $L=\left\{\frac{10}{3}; 6\right\}$ **c)** $L=\{-1{,}5; -0{,}5\}$

d) $L=\{-0{,}8; 0{,}5\}$ **e)** $L=\{0; 2{,}25\}$ **f)** $L=\{2\}$

7

a) zu γ); $L=\{\ \}$ **b)** zu α); $L=\{-1; 3\}$ **c)** zu β); $L=\{-1{,}5\}$

8

a)

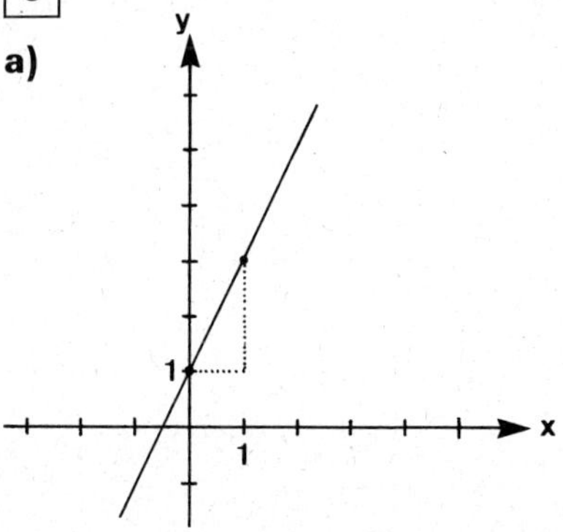

b)

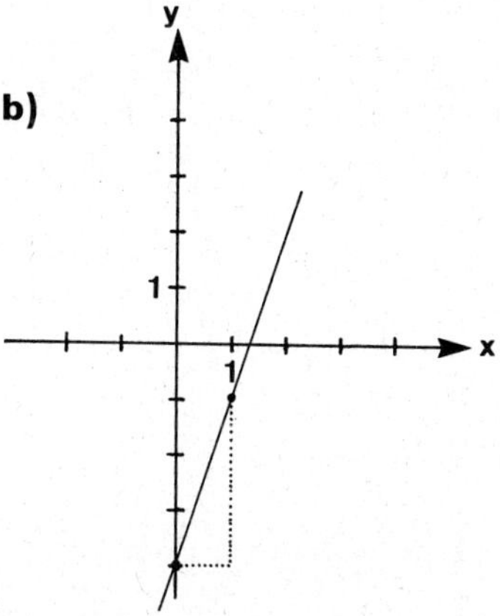

c)

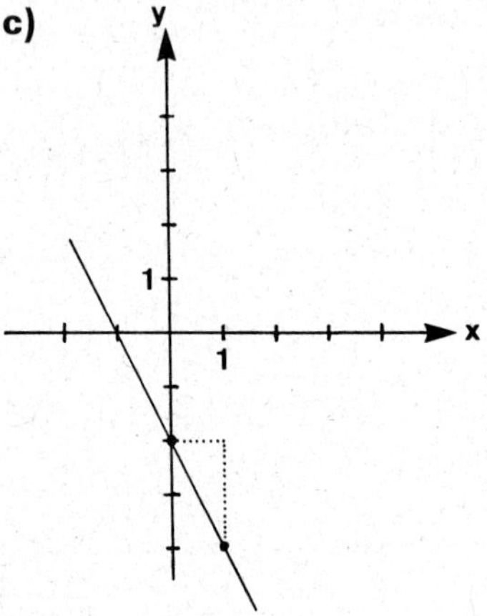

d)–f) analog!

9

a) $y = 2x - 3$ **b)** $y = -\frac{1}{2}x + 2$ **c)** $y = x + 1{,}5$

10

a) $L = \{-3; 1\}$ **b)** $L = \{-1; 2)$ **c)** $L = \{-1{,}5; 3\}$ **d)** $L = \{-2; 1{,}5\}$

11

a) $S_1(-3|9)$, $S_2(2|4)$ **b)** $x_1 = -3$, $x_2 = 2$ **c)** $x^2 + x - 6 = 0$

12

a) zu α): $L = \{-1; 3\}$ **zu β):** $L = \{1\}$ **zu γ):** $L = \{\ \}$

b) zu α): $x^2 - 2x - 3 = 0$ **zu β):** $x^2 - 2x + 1 = 0$ **zu γ):** $x^2 - 2x + 3 = 0$

13

a) $L = \{-1; 2\}$ **b)** $L = \{-4; 1\}$ **c)** $L = \{-1\}$

d) $L = \{-1 + \sqrt{2}; -1 - \sqrt{2}\}$ **e)** $L = \{-2; 2{,}4\}$ **f)** $L = \{\ \}$

14

$L = \{-1{,}5; 3{,}5\}$

15

a) $L = \{1; 5\}$ **b)** s. o. **c)** das 1. Verfahren

16 **a)** $L = \{2; 4\}$ **b)** $L = \{-2{,}5; 3{,}5\}$ **c)** $L = \{5\}$

d) $L=\{-2;\ 0{,}5\}$ **e)** $L=\{\ \}$ **f)** $L=\{-0{,}4;\ 2\}$

17

a) $L=\{-2;\ 1{,}5\}$ **b)** $L=\left\{\frac{2}{3};\ 1\right\}$

5. Gleichungen, die auf quadratische Gleichungen führen

Bruchgleichungen

1

a) $x=2$ **b)** $D=\mathbb{R}\setminus\{-1;\ 1\}$; $D=\mathbb{R}\setminus\{0\}$; $D=\mathbb{R}\setminus\{-2;\ 5\}$

2

a) $D=\mathbb{R}\setminus\{-2;\ 3\}$; $\frac{13x^2-13x+12}{2(x+2)(x-3)}$ **b)** $D=\mathbb{R}\setminus\{0;\ 1{,}5;\ 3\}$; $\frac{-15x^2+36x-9}{(2x-3)(3-x)\cdot x}$

c) $D=\mathbb{R}\setminus\left\{\frac{3}{4};\ 6\right\}$; $\frac{10x^2+90x+3}{(4x-3)(6-x)}$ **d)** $D=\mathbb{R}\setminus\{-1;\ 1\}$; $\frac{x^2+1}{(x+1)(x-1)}$

e) $D=\mathbb{R}\setminus\left\{-\frac{3}{2};\ \frac{3}{2}\right\}$; $\frac{-2x^2+36x+15}{(2x-3)(2x+3)}$

3

$D=\mathbb{R}\setminus\{-2;\ 0\}$

4

a) $D=\mathbb{R}\setminus\{2\}$

b) Hauptnenner: $2(x-2)$

$$\frac{(x+5)(x-2)}{2(x-2)}+\frac{2(x+1)}{2(x-2)}=\frac{3\cdot 2}{2(x-2)}$$

c) $x^2+3x-10+2x+2=6 \Rightarrow x^2+5x-14=0$

d) $x_1=2$; $x_2=-7$

e) $x_1=2$ ist **keine** Lösung der Bruchgleichung, da $2\notin D$!

f) - **g)** $L=\{-7\}$

5

a) $D = \mathbb{R} \setminus \{3\}$; Hauptnenner: $5(x-3)$
$-x^2+24x-108=0$; $L=\{6; 18\}$

b) $D = \mathbb{R} \setminus \{-4; -1\}$; Hauptnenner: $5(x+1)(x+4)$
$9x^2+15x-24=0$; $L=\left\{-2\frac{2}{3}; 1\right\}$

c) $D = \mathbb{R} \setminus \{-2; 0; 1\}$; Hauptnenner: $x(x-1)(x+2)$
$x-4=0$; $L=\{4\}$

d) $D = \mathbb{R} \setminus \left\{-\frac{5}{3}; 0\right\}$; Hauptnenner: $6x(3x+5)$
$25x-25=0$; $L=\{1\}$

e) $D = \mathbb{R} \setminus \left\{-3; -\frac{3}{2}\right\}$; Hauptnenner: $(x+3)\cdot(2x+3)$
$2x^2+7x+6=0$; $L=\{-2\}$

f) $D = \mathbb{R} \setminus \{-3; 1\}$; Hauptnenner: $(x-1)\cdot(x+3)$
$-4x^2-8x+24=0$; $L=\{-1+\sqrt{7}; -1-\sqrt{7}\}$

6

a) $D = \mathbb{R} \setminus \{-4; 4\}$; Hauptnenner: $(x+4)\cdot(x-4)$
$2x=0$; $L=\{0\}$

b) $D = \mathbb{R} \setminus \{-2\}$; Hauptnenner: $2(x+2)$
$-x^2+5x-6=0$; $L=\{2; 3\}$

c) $D = \mathbb{R} \setminus \{-2; 8\}$; Hauptnenner: $(x-8)(x+2)$
$x^2-4=0$; $L=\{2\}$

d) $D = \mathbb{R} \setminus \left\{\frac{11}{3}\right\}$; Hauptnenner: $3\cdot(11-3x)$
$x^2 - \frac{22}{3}x + \frac{67}{9} = 0$; $L=\left\{\frac{11+3\sqrt{6}}{3}; \frac{11-3\sqrt{6}}{3}\right\}$

e) $D = \mathbb{R} \setminus \{0; 2; 3\}$; Hauptnenner: $x(x-2)(x-3)$
$7x^2-67x+126=0$; $L=\left\{\frac{18}{7}; 7\right\}$

f) $D = \mathbb{R} \setminus \{-1; 1\}$; Hauptnenner: $(x+1)(x-1)$
$2x^2+2=0$; $L=\{\ \}$

Wurzelgleichungen

1

a) α) und β) **b)** $x(1-\sqrt{2})=1 \Rightarrow x = \frac{1}{1-\sqrt{2}} = \frac{1+\sqrt{2}}{-1}$; $L=\{-1-\sqrt{2}\}$

2 a) $x=0$ b) $D=\mathbb{R}\setminus\{0\}$

3

a) $\left.\begin{array}{l}\sqrt{x-2} \text{ ist definiert für } x \geq 2 \\ x+1 \text{ ist definiert für } x \geq -1\end{array}\right\} D=\{x \in \mathbb{R} \mid x \geq 2\}$

b) $D=\{x \in \mathbb{R} \mid x \geq 0\}$

c) $D=\{x \in \mathbb{R} \mid x \leq 1\}$

d) $D=\left\{x \in \mathbb{R} \,\middle|\, x \leq \frac{3}{4}\right\}$

e) $D=\{x \in \mathbb{R} \mid 1 \leq x \leq 4\}$

f) $D=\{x \in \mathbb{R} \mid 0 \leq x \leq 5\}$

4

a) $4x^2-5x+1=0 \Rightarrow x=1$ oder $x=+\frac{1}{4}$

b) ja

c) $x=1$: $1+1=2 \cdot 1$ wahre Aussage
$x=\frac{1}{4}$: $\frac{1}{2}+1=2 \cdot \frac{1}{4}$ falsche Aussage

d) $L=\{1\}$

5

a) $D=\{x \in \mathbb{R} \mid x \geq -4\}$ $L=\{12\}$

b) $D=\{x \in \mathbb{R} \mid x \geq 2{,}5\}$ $L=\{3\}$

c) $D=\{x \in \mathbb{R} \mid x \geq -3\}$ $L=\{-2\}$

d) $D=\{x \in \mathbb{R} \mid x \geq 0\}$ $L=\left\{\frac{16}{9}\right\}$

e) $D=\{x \in \mathbb{R} \mid x \geq 3\}$ $L=\{15\}$

f) $D=\{x \in \mathbb{R} \mid x \geq 0\}$ $L=\{9\}$

6

a) $D=\{x \in \mathbb{R} \mid x \geq 3\}$ $L=\{12\}$

b) $D=\{x \in \mathbb{R} \mid x \geq 3\}$ $L=\{3\}$

c) $D=\{x \in \mathbb{R} \mid x \geq 6\}$ $L=\{8\}$

d) $D=\{x \in \mathbb{R} \mid x \geq 3\}$ $L=\{7\}$

e) $D=\left\{x \in \mathbb{R} \,\middle|\, x \geq \frac{3}{16}\right\}$ $L=\left\{\frac{1}{4}\right\}$

f) $D=\{x \in \mathbb{R} \mid x \geq 1\}$ $L=\{51\}$

7

a) $D=\{x \in \mathbb{R} \mid x \geq -6{,}5\}$ $L=\{6\}$

b) $D=\{x \in \mathbb{R} \mid x \geq -7\}$ $L=\{2\}$

c) $D=\left\{x \in \mathbb{R} \,\middle|\, x \geq -\frac{4}{3}\right\}$ $L=\{7\}$

d) $D=\{x \in \mathbb{R} \mid x \geq 0\}$ $L=\{9\}$

e) $D=\{x \in \mathbb{R} \mid -10 \leq x \leq 10\}$ $L=\{6\}$

f) $D=\{x \in \mathbb{R} \mid x \leq 2\}$ $L=\{-7\}$

6. Anwendungsaufgaben

Zahlenrätsel

1 a) $x+14$ b) $x^2+14x-95=0$ c) $L=\{-19;\ 5\}$

d) Die beiden Zahlen lauten 5 und 19 oder -19 und -5.

2

a) Die gesuchten Zahlen lauten 17 oder -8.

b) Die gesuchten Zahlen lauten 13 und 14 oder -14 und -13.

c) Die gesuchten Zahlen lauten 12 oder -21.

3

a) $x;\quad x^2;\quad x+1;\quad (x+1)^2$ **b)** $x^2+(x+1)^2=145$ **c)** -

d) $L=\{-9;\ 8\}$: Die Zahlen heißen 8 und 9 oder -9 und -8.

4

a) 3 und 7 oder -7 und -3. **b)** 11 und 6 oder -6 und -11.

c) 9 und 16 oder -16 und -9.

5

a) $\frac{1}{2}$ **b)** $\frac{2}{3}$ **c)** $\frac{1}{x}$ **d)** $\frac{1}{x-2}$

6

a) $x;\quad x+1;\quad \frac{1}{x};\quad \frac{1}{x+1}$ **b)** $\frac{1}{x}+\frac{1}{x+1}=\frac{5}{6};\quad D=\mathbb{R}\setminus\{-1;\ 0\}$

c) $L=\left\{2;\ -\frac{5}{3}\right\}$ **d)** Die Zahlen lauten 2 und 3.

7

a) $x-\frac{1}{x}=\frac{7}{12};\quad D=\mathbb{R}\setminus\{0\};\quad x^2-\frac{7}{12}x-1=0;\quad L=\left\{-\frac{3}{4};\ \frac{4}{3}\right\}$
Die gesuchte Zahl lautet $-\frac{3}{4}$ oder $\frac{4}{3}$.

b) $x+\frac{20}{x}=6x;\quad D=\mathbb{R}\setminus\{0\};\quad -5x^2+20=0;\quad L=\{-2;\ 2\}$
Die Zahl heißt -2 oder 2.

8

a) $x+y=32;\quad x\cdot y=252$ **b)** $x(32-x)=252$

c) $-x^2+32x-252=0;\quad L=\{14;\ 18\}$ **d)** Die Summanden sind 14 und 18.

9

a) $x^2-34x-387=0;\quad L=\{-9;\ 43\}$
Die Zahlen lauten -9 und -43 oder 43 und 9.

b) $-x^2+9x+112=0$; $L=\{-7; 16\}$
Die gesuchten Zahlen sind -7 und 16.

c) $-x^2+6{,}41x-1=0$; $L=\{0{,}16; 6{,}25\}$
Die Zahlen lauten 0,16 und 6,25.

Geometrisches

1

a) $x \cdot y=60$; $2x+2y=32$ **b)** $y=16-x$; $x(16-x)=60$

c) $-x^2+16x-60=0$; $L=\{6; 10\}$

d) Die Seiten sind 6 cm und 10 cm lang.

2

Die Seitenlängen betragen 8 cm und 14 cm.

3

$14=\frac{1}{2}\cdot c\cdot(c-3)$; $\frac{1}{2}c^2-\frac{3}{2}c-14=0$; $L=\{-4; 7\}$
Die Länge der Grundseite ist $c=7$ cm, die der Höhe $h_c=7\text{ cm}-3\text{ cm}=4$ cm.

4

$24=\frac{1}{2}b\cdot(b+2)$; $\frac{1}{2}b^2+b-24=0$; $L=\{-8; 6\}$
Die Kathete b ist 6 cm lang, die Kathete $c=8$ cm.

5

$63=\frac{1}{2}e\cdot(e+5)$; $\frac{1}{2}e^2+\frac{5}{2}e-63=0$; $L=\{-14; 9\}$
Eine Diagonale ist 9 cm, die andere 14 cm lang.

6

$\frac{12}{x}=\frac{x}{12-x}$; $D=\mathbb{R}\setminus\{0; 12\}$; $x^2+12x-144=0$; $L=\{-6+6\sqrt{5}; -6-6\sqrt{5}\}$
Der längere Abschnitt ist $6\sqrt{5}-6\approx 7{,}4$ cm lang, der kürzere $18-6\sqrt{5}\approx 4{,}6$ cm.

7

a) $x\cdot y=54$; $(x+3)\cdot(y+3)=108$

b) $54+3x+3\cdot\frac{54}{x}+9=108$; $D=\mathbb{R}\setminus\{0\}$

c) $3x^2-45x+162=0$; $L=\{6; 9\}$

d) Die Seiten des kleinen Rechtecks sind 6 cm und 9 cm lang, die des großen 9 cm und 12 cm.

8

a) $(40+2x)\cdot(30+2x)$

b) $800=(40+2x)\cdot(30+2x)-40\cdot 30$

c) $4x^2+140x-800=0$; $L=\{-40; 5\}$

d) Die Rahmenbreite beträgt 5 cm.

9

a)

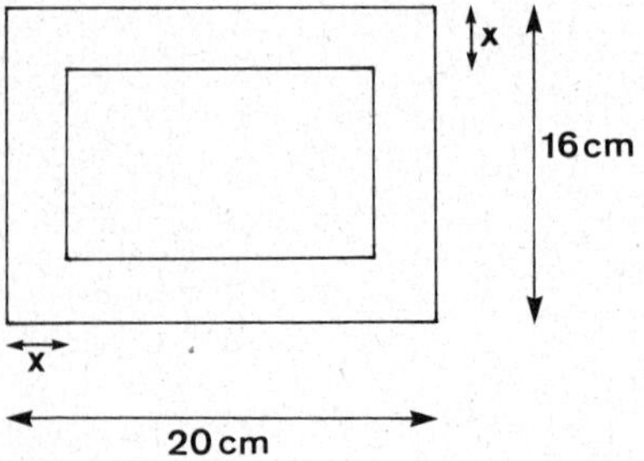

b) $A_{Gesamt}=20\cdot 16\ cm^2=320\ cm^2$
$A_{Rahmen}=68\ cm^2$
$A_{Bild}=(20-2x)\cdot(16-2x)$
$A_{Gesamt}=A_{Rahmen}+A_{Bild}$
$320=(20-2x)\cdot(16-2x)+68$
$4x^2-72x+68=0$; $L=\{1; 17\}$

Der Streifen ist 1 cm breit, das verbleibende Rechteck 252 cm² groß.

10

$2x^2=(x+1)^2$; $x^2-2x-1=0$; $L=\{1+\sqrt{2}; 1-\sqrt{2}\}$
Das Quadrat hat die Seitenlänge $1+\sqrt{2}\approx 2{,}4$ cm.

(*) **11**

$x^2+(x+14)^2=26^2$
$2x^2+28x-480=0$; $L=\{-24; 10\}$
Die Seiten des Rechtecks sind 10 cm und 24 cm lang.

(*) **12**

$x^2+(91-x)^2=65^2$
$2x^2-182x+4056=0$; $L=\{39; 52\}$
Die Katheten sind 39 cm und 52 cm lang.

(*) **13**

$x^2+(x+7)^2=13^2$
$2x^2+14x-120=0$; $L=\{-12; 5\}$
Die eine Diagonale ist 10 cm, die andere 24 cm lang.

(*) Verschiedenes

1

a) $x+60$ Minuten **b)** $\frac{40}{x+60}$ **c)** -

d) $D=\mathbb{R}\setminus\{-60;\ 0\}$; $x^2-20x-2400$; $L=\{-40;\ 60\}$

e) 60; das weitere Rohr benötigt allein 60 Minuten, das engere 120 Minuten.

2

a) $x+40$ **b)** $\frac{1}{x}$; $\frac{1}{x+40}$; $\frac{15}{x}$; $\frac{15}{x+40}$

c) $\frac{15}{x}+\frac{15}{x+40}=1$ **d)** $D=\mathbb{R}\setminus\{-40;\ 0\}$; $x^2+10x-600=0$; $L=\{-30;\ 20\}$

e) Das Rohr benötigt allein 20 Minuten, der Schlauch 60 Minuten.

3

$\frac{8}{x}+\frac{8}{x+12}=1$; $D=\mathbb{R}\setminus\{-12;\ 0\}$

$x^2-4x-96=0$; $L=\{-8;\ 12\}$

Die ältere Raupe benötigt allein 12 Tage, die jüngere 24 Tage.

4

$\frac{6}{x}+\frac{6}{x+5}=1$; $D=\mathbb{R}\setminus\{-5;\ 0\}$

$x^2-7x-30=0$; $L=\{-3;\ 10\}$

Die neue Maschine benötigt allein 10 Stunden, die alte 15 Stunden.

5

a) $x+24$ **b)** $\frac{480}{x+24}$ **c)** -

d) $D=\mathbb{R}\setminus\{-24;\ 0\}$; $x^2+24x-138\,240=0$; $L=\{-384;\ 360\}$

e) Das langsamere Flugzeug hat eine Geschwindigkeit von 360 km/h, das schnellere von 384 km/h.

6

a) $x+1$ **b)** $\frac{18}{x}$; $\frac{18}{x+1}$ **c)** $\frac{18}{x}-\frac{18}{x+1}=\frac{36}{60}=\frac{3}{5}$

d) $D=\mathbb{R}\setminus\{-1;\ 0\}$; $3x^2+3x-90=0$; $L=\{-6;\ 5\}$

e) Der langsamere Wanderer geht 5 km/h, der schnellere 6 km/h.

7

$\frac{120}{x} - \frac{120}{x+20} = \frac{1}{2}$; $D = \mathbb{R} \setminus \{-20; 0\}$

$x^2 + 20x - 4800 = 0$; $L = \{-80; 60\}$

Der eine Fahrer fährt 60 km/h, der andere 80 km/h.

8

a) - **b)** $x^2 - x - 756 = 0$; $L = \{-27; 28\}$

c) 28 ehemalige Schüler treffen sich.

9

$28 = \frac{x(x-1)}{2}$; $x^2 - x - 56 = 0$; $L = \{-7; 8\}$

8 Mannschaften nehmen teil.

10

$153 = \frac{x(x-1)}{2}$; $x^2 - x - 306 = 0$; $L = \{-17; 18\}$

Es sind 18 Gäste anwesend.

Test

1 **a)** $L = \{\ \}$ **b)** $L = \{-1; 2\}$

2 $D = \mathbb{R} \setminus \{-3; -1\}$; $3x^2 + 7x = 0$; $L = \left\{-\frac{7}{3}; 0\right\}$

3

$D = \{x \in \mathbb{R} \mid x \geq 2\}$; $x^2 - 14x + 33 = 0$; $x = 11$ oder $x = 3$; $L = \{3\}$

4

$x(x+7) = 60$; $x^2 + 7x - 60 = 0$; $L = \{-12; 5\}$

Die gesuchten Zahlen lauten 5 und 12 oder −12 und −5.

(*) 5

$\frac{16}{x} + \frac{16}{x+24} = 1$; $D = \mathbb{R} \setminus \{-24; 0\}$

$x^2 - 8x - 384 = 0$; $L = \{-16; 24\}$

Das Rohr benötigt allein 24 Minuten, der Schlauch 48 Minuten.

Wir **ordnen** nach den Potenzen von x und erhalten die folgende **quadratische Gleichung** in allgemeiner Form.

$3x^2+x-4=0$

Diese Gleichung kann nun wie bekannt gelöst werden. Zunächst ermitteln wir den Wert der Diskriminante

$D=b^2-4ac=1^2-4\cdot 3\cdot(-4)=1+48=49.$

Da die Diskriminante positiv ist, hat die Gleichung zwei Lösungen. Sie lauten

$$x_1=\frac{-b+\sqrt{D}}{2a}=\frac{-1+\sqrt{49}}{2\cdot 3}=\frac{-1+7}{6}=\frac{6}{6}=1$$

und $$x_2=\frac{-b-\sqrt{D}}{2a}=\frac{-1-\sqrt{49}}{2\cdot 3}=\frac{-1-7}{6}=\frac{-8}{6}=-1\frac{1}{3}$$

Bevor wir die Lösungsmenge aufstellen, vergewissern wir uns, ob die beiden errechneten Zahlen tatsächlich im Definitionsbereich enthalten sind.

Wir stellen fest: $1\in D$ und $-1\frac{1}{3}\in D$

Auch hier ist es sinnvoll, die Probe zu machen. Beachte, dass du die Lösungen in die Bruchgleichung einsetzen musst, bevor irgendwelche Umformungen vorgenommen wurden.

$$5-\frac{1+5}{1+2}=\frac{1+2}{1}$$

$$5-\frac{6}{3}=3$$ ergibt eine wahre Aussage.

$$5-\frac{-1\frac{1}{3}+5}{-1\frac{1}{3}+2}=\frac{-1\frac{1}{3}+2}{-1\frac{1}{3}}$$

$$5-\frac{\frac{11}{3}}{\frac{2}{3}}=\frac{\frac{2}{3}}{-\frac{4}{3}}$$

$$5-\frac{11}{2}=-\frac{1}{2}$$ ergibt eine wahre Aussage.

Danach ergibt sich für die Bruchgleichung die Lösungsmenge

$L=\left\{-1\frac{1}{3};1\right\}.$

4

Gegeben ist die Bruchgleichung

$$\frac{x+5}{2}+\frac{x+1}{x-2}=\frac{3}{x-2}$$

a) Wie lautet der Definitionsbereich?

b) Ermittle den Hauptnenner und erweitere alle Summanden auf ihn.

c) Multipliziere mit dem Hauptnenner und ordne die entstandene Gleichung nach den Potenzen von x. Welche quadratische Gleichung erhältst du?

d) Bestimme die Lösungen der quadratischen Gleichung.

e) Welche Lösung der quadratischen Gleichung ist **nicht** Lösung der Bruchgleichung? Begründung?

f) Mache mit der verbliebenen Lösung die Probe.

g) Wie lautet die Lösungsmenge der Bruchgleichung?

5

Bestimme die Lösungsmengen der folgenden Bruchgleichungen.

- Definitionsbereich ermitteln
- Hauptnenner suchen
- alle Summanden auf den Hauptnenner erweitern
- Bruchgleichung mit Hauptnenner multiplizieren (Bruchterme verschwinden)
- entstandene Gleichung nach Potenzen von x ordnen und lösen
- überprüfen, ob ermittelte Lösungen im Definitionsbereich sind (andernfalls sind es keine Lösungen der Bruchgleichung)
- Probe machen
- Lösungsmenge aufstellen

a) $\frac{6x+4}{5} - \frac{15-2x}{x-3} = \frac{7(x-1)}{5}$

b) $\frac{x+3}{x+1} - \frac{x}{x+4} = \frac{9}{5}$

c) $\frac{2}{x} - \frac{1}{x-1} = \frac{1}{x+2}$

d) $\frac{4x}{3x+5} = \frac{8x-5}{6x}$

e) $\frac{2x+6}{2x+3} = \frac{1}{x+3} + \frac{3}{2x+3}$

f) $\frac{4x-1}{x-1} - 6 = \frac{2x+9}{x+3}$

6 Bestimme ebenso die Lösungsmenge.

a) $\frac{x-3}{x-4}+\frac{x+5}{x+4}=2$

b) $\frac{5x-2}{2(x+2)}+\frac{x-2}{2}=\frac{x^2}{x+2}$

c) $\frac{2x^2-18x+56}{(x-8)(x+2)}=\frac{2x-6}{x-8}-\frac{8-x}{x+2}$

d) $\frac{3x-5}{3}+\frac{6x-4}{11-3x}=0$

e) $\frac{21}{x}-\frac{10}{x-2}-\frac{1}{x-3}=0$

f) $\frac{x-1}{x+1}+\frac{x+1}{x-1}=0$

Wurzelgleichungen

1

Die Gleichung $\sqrt{x}+1=2x$ unterscheidet sich dadurch von allen bisher behandelten Gleichungen, dass die Variable im Radikanden (d.h. unter der Wurzel) steht.
Solche Gleichungen bezeichnen wir als **Wurzelgleichungen.**
Im Gegensatz dazu ist die Gleichung $\sqrt{3}=2x+1$ **keine** Wurzelgleichung, weil die Variable **nicht** im Radikanden auftaucht.

a) Welche der folgenden Gleichungen sind Wurzelgleichungen?

α) $x-\sqrt{2x}=1$ **β)** $x-2\sqrt{x}=1$ **γ)** $x-\sqrt{2}\cdot x=1$

b) Bestimme die Lösungsmenge der Gleichung, die nicht zu den Wurzelgleichungen gehört.

2

a) Welche Zahlen dürfen wir nicht in die Gleichung $\sqrt{x}+1=2x$ einsetzen?

b) Wie lautet folglich der Definitionsbereich für diese Gleichung?

> Der **Definitionsbereich** einer Wurzelgleichung umfasst alle diejenigen reellen Zahlen, bei deren Einsetzen keiner der in der Gleichung auftretenden Radikanden negativ wird.

Beispiele: 1. $3x-\sqrt{5x-3}=4$

Der Radikand der Wurzel $\sqrt{5x-3}$ wird negativ für alle $x\in\mathbb{R}$, für die gilt $5x-3<0$. Das bedeutet, dass für solche Werte von x die Wurzel nicht definiert ist.
Wir lösen die Ungleichung $5x-3<0$ nach x auf und erhalten:

$5x<3$
$x<0{,}6$

Für alle reellen Zahlen, die kleiner als 0,6 sind, ist die Wurzelgleichung nicht definiert. Sie ist folglich definiert für alle Zahlen, die größer oder gleich 0,6 sind.
Der Definitionsbereich lautet also

$D = \{x \in \mathbb{R} \mid x \geq 0{,}6\}$.

2. $\sqrt{2x} - 3 = \sqrt{x+4}$

Hier ist zunächst jede Wurzel für sich zu untersuchen. Dabei verfahren wir wie in Beispiel 1 und untersuchen den jeweiligen Radikanden:

$\sqrt{2x}$ ist definiert für $2x \geq 0$, also für $x \geq 0$.
$\sqrt{x+4}$ ist definiert für $x + 4 \geq 0$, also für $x \geq -4$.

Die gesamte Wurzelgleichung ist folglich definiert für alle reellen Zahlen x, die **gleichzeitig** größer oder gleich 0 **und** größer oder gleich -4 sind. Dies sind die Zahlen, die größer oder gleich 0 sind.
Auf der Zahlengeraden können wir dies anschaulich darstellen:

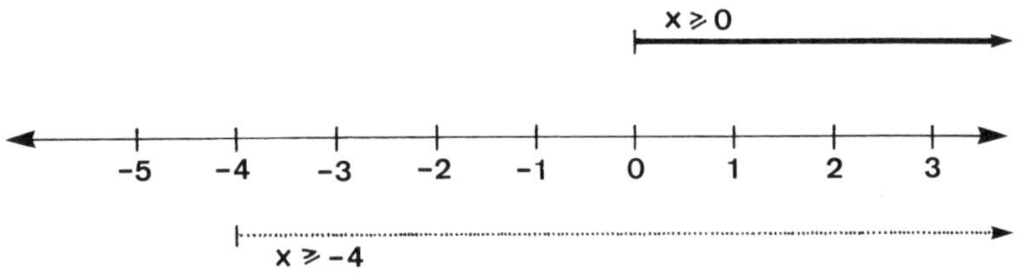

Der Definitionsbereich lautet also

$D = \{x \in \mathbb{R} \mid x \geq 0\}$.

3

Für welche reellen Zahlen sind die folgenden Wurzelgleichungen definiert?

a) $\sqrt{x-2} + 3 = \sqrt{x+1}$

b) $\sqrt{2x+1} = x - \sqrt{x}$

c) $6 - \sqrt{1-x} = 0$

d) $\sqrt{2} - 2 = \sqrt{3-4x}$

e) $1 - \sqrt{4-x} = \sqrt{x-1}$

f) $\sqrt{15-3x} = \sqrt{0{,}5x}$

4

Wir wollen nun die Lösungsmenge der Wurzelgleichung $\sqrt{x} + 1 = 2x$ bestimmen.

Zuerst ermitteln wir den Definitionsbereich. Aus Aufgabe 1 wissen wir, dass $D = \{x \in \mathbb{R} \mid x \geq 0\}$ ist.

Dann formen wir die Gleichung so um, dass der Wurzelterm allein auf einer Seite stehen bleibt. Es ergibt sich
$\sqrt{x} = 2x - 1$.

Nun wird die Gleichung quadriert. Bedenke, dass das Quadrieren keine Äquivalenzumformung ist und sich dadurch die Lösungsmenge ändern kann. Es entsteht eine quadratische Gleichung, die wir auf herkömmliche Art lösen können. Es muss jedoch dann noch geprüft werden, ob die gefundenen Werte auch Lösungen der Wurzelgleichung sind! Wir erhalten

$$(\sqrt{x})^2 = (2x - 1)^2$$
$$x = 4x^2 - 4x + 1\,.$$

a) Ordne nun nach Potenzen von x und bestimme die Lösungen der quadratischen Gleichung.

b) Liegen beide Lösungen im Definitionsbereich?

c) Setze die beiden Lösungen in die Ausgangsgleichung ein. Bei welcher Lösung ergibt sich eine falsche Aussage?

d) Wie lautet die Lösungsmenge der Wurzelgleichung?

Beachte: Obwohl beide Lösungen der quadrierten Gleichung im Definitionsbereich der Wurzelgleichung liegen, ist nur eine davon auch Lösung der Wurzelgleichung. Dies lässt sich **nur** durch eine Probe feststellen.

5

Löse die folgenden Wurzelgleichungen.

- Definitionsbereich bestimmen
- Gleichung so umformen, dass der Wurzelterm allein auf einer Seite stehen bleibt
- Gleichung quadrieren (Wurzel verschwindet)
- entstandene Gleichung lösen
- prüfen, ob gefundene Lösungen der quadrierten Gleichung im Definitionsbereich liegen
- prüfen, ob gefundene Lösungen der quadrierten Gleichung auch Lösungen der Wurzelgleichung sind
- Lösungsmenge aufstellen

a) $\sqrt{x+4}+8=x$ **b)** $4=x+\sqrt{2x-5}$ **c)** $2x-\sqrt{x+3}+5=0$

d) $3x-\sqrt{x}=4$ **e)** $\sqrt{3x-9}+\frac{1}{3}x=11$ **f)** $9+\sqrt{x}=12$

Ein wenig langwieriger gestaltet sich der Lösungsweg, wenn zwei Wurzelterme in einer Wurzelgleichung stehen.

Beispiel: $\sqrt{2x+5}-\sqrt{4x-4}=1$

Bestimmung des Definitionsbereichs:

$\left.\begin{array}{l}\sqrt{2x+5} \text{ ist definiert für } x\geq -2{,}5\\ \sqrt{4x-4} \text{ ist definiert für } x\geq 1\end{array}\right\}\quad D=\{x\in\mathbb{R}\,|\,x\geq 1\}$

Wir formen so um, dass die eine Wurzel allein auf einer Seite der Gleichung steht

$\sqrt{2x+5}=1+\sqrt{4x-4}$ und quadrieren

$$(\sqrt{2x+5})^2=(1+\sqrt{4x-4})^2$$
$$2x+5=1+2\sqrt{4x-4}+4x-4$$
$$2x+5=2\sqrt{4x-4}+4x-3$$

Wir haben erreicht, dass in dieser Gleichung nur noch ein Wurzelterm steht. Wir können deshalb die Gleichung wie oben lösen.
Umformen:

$$\sqrt{4x-4}=4-x$$

Quadrieren:

$$(\sqrt{4x-4})^2=(4-x)^2$$
$$4x-4=16-8x+x^2$$
$$0=x^2-12x+20$$

Lösungen dieser Gleichung sind $x_1=2$ und $x_2=10$. Sie liegen beide im Definitionsbereich.

Überprüfen der Lösungen in der Wurzelgleichung:

$x_1=2$: $\sqrt{2\cdot 2+5}-\sqrt{4\cdot 2-4}=1$
$\sqrt{9}-\sqrt{4}=1$
$3-2=1$ wahre Aussage

$x_2=10$: $\sqrt{2\cdot 10+5}-\sqrt{4\cdot 10-4}=1$
$\sqrt{25}-\sqrt{36}=1$
$5-6=1$ falsche Aussage

Lösungsmenge der Wurzelgleichung: $L=\{2\}$

6

Löse ebenso die Wurzelgleichungen, indem du nacheinander die beiden Wurzelterme auf einer Seite der Gleichung isolierst und dann die entstandenen Gleichungen quadrierst.

a) $\sqrt{5x+4}-5=\sqrt{x-3}$

b) $\sqrt{x+1}+\sqrt{x-3}=2$

c) $\sqrt{0{,}5x-3}+\sqrt{2x}=5$

d) $\sqrt{3x+4}+\sqrt{x-3}-7=0$

e) $\sqrt{x}-\frac{1}{4}=\sqrt{x-\frac{3}{16}}$

f) $10=\sqrt{4x-4}-\sqrt{2x-2}$

7

Bestimme die Lösungsmenge.

a) $8+\sqrt{2x+13}=13$

b) $1-x=x-\sqrt{x+7}$

c) $\sqrt{x+2}+\sqrt{3x+4}=8$

d) $4\sqrt{x}-\sqrt{4x}=6$

e) $6=\sqrt{10-x}+\sqrt{10+x}$

f) $\sqrt{2-x}-2x=17$

6. Anwendungsaufgaben

Zahlenrätsel

1

Das Produkt einer Zahl mit der um 14 größeren Zahl ist 95.

Wie lauten die beiden Zahlen?

a) Wir bezeichnen die kleinere der beiden Zahlen mit x. Wie heißt dann die andere Zahl?

b) Daraus ergibt sich der Ansatz

$x \cdot (x+14)=95$.

Forme um zu einer quadratischen Gleichung.

c) Bestimme die Lösungsmenge und mache die Probe.

d) Formuliere einen Antwortsatz.

2

Bestimme die gesuchten Zahlen.

- gesuchte Zahlen mit Hilfe **einer** Variablen ausdrücken
- Gleichung aufstellen
- Gleichung umformen und lösen
- Antwortsatz formulieren

a) Multipliziert man eine Zahl mit der um 9 kleineren Zahl, so erhält man 136.

b) Das Produkt zweier aufeinanderfolgender Zahlen ist 182.

c) Addiert man zu einer Zahl 9 und multipliziert diese Summe mit der Zahl, so ergibt sich 252.

3

Die Summe der Quadrate zweier aufeinanderfolgender Zahlen ist 145.
Wie lauten die Zahlen?

a) Auch hier kommt man mit einer Variablen aus.
Nenne die kleinere Zahl x und finde Terme für die darauf folgende Zahl sowie die Quadrate beider Zahlen.

b) Stelle die Gleichung auf, die das Rätsel beschreibt.

c) Forme die Gleichung um. Zeige, dass sie sich auf die Form

$$2x^2+2x-144=0$$

bringen lässt.

d) Löse die quadratische Gleichung und formuliere einen Antwortsatz.

4

Löse entsprechend:

a) Die Summe aus dem Quadrat einer Zahl und dem Quadrat der um 4 größeren Zahl ist 58.

b) Addiert man zum Quadrat einer Zahl das Quadrat der um 5 verkleinerten Zahl, so ist das Ergebnis 157.

c) Subtrahiert man von einer Zahl 7 und multipliziert diese Differenz mit der Zahl, so erhält man 144.

5

Bilde den Kehrbruch zu

a) 2 **b)** $\frac{3}{2}$ **c)** x **d)** $x-2$

6

Die Summe der Kehrbrüche zweier aufeinanderfolgender natürlicher Zahlen ist $\frac{5}{6}$.

a) Nenne die kleinere Zahl x und bilde die darauf folgende Zahl sowie die beiden Kehrbrüche.

b) Stelle die Gleichung auf. Bestimme für diese Bruchgleichung den Definitionsbereich.

c) Löse die Bruchgleichung und mache die Probe.

d) Formuliere einen Antwortsatz.

7

Bestimme die gesuchten Zahlen:

a) Subtrahiert man von einer Zahl ihren Kehrwert, so ergibt sich $\frac{7}{12}$.

b) Addiert man zu einer Zahl das 20fache ihres Kehrwerts, so erhält man das 6fache der Zahl.

Bei den bisherigen Aufgaben hast du nur mit einer Variablen x gearbeitet. Du kannst aber auch alle Aufgaben lösen, indem du die **zwei Variablen x und y** verwendest. Du erhältst jetzt allerdings ein Gleichungssystem für x und y, das man durch Ersetzen der einen Variablen (y) in **eine Gleichung für x** umformen kann.
Wir wollen in den folgenden Aufgaben so vorgehen.

8

Die Zahl 32 ist in zwei Summanden zu zerlegen, deren Produkt 252 ergibt.

a) Nenne die beiden Summanden x und y und schreibe damit die Summe und das Produkt auf.

b) Wir haben hier ein Gleichungssystem zu lösen, das aus zwei Gleichungen mit zwei Variablen besteht. Wir können es durch Einsetzen lösen.
Löse die Summe $x+y=32$ nach y auf und setze den für y gefundenen Term in die Gleichung $x \cdot y=252$ ein.

c) Die Gleichung enthält jetzt nur noch die Variable x. Löse sie, nachdem du sie umgeformt und geordnet hast.

d) Formuliere einen Antwortsatz.

9

Löse entsprechend.

a) Die Differenz zweier Zahlen beträgt 34, ihr Produkt 387.

b) Das Produkt zweier Zahlen ist -112, ihre Summe 9.

c) Addiert man zwei Zahlen, so erhält man 6,41, multipliziert man sie, so ergibt sich 1.

Geometrisches

1

Der Umfang des Rechtecks sei $u = 32$ cm, sein Flächeninhalt $A = 60\ \text{cm}^2$.
Wie lang sind seine Seiten?

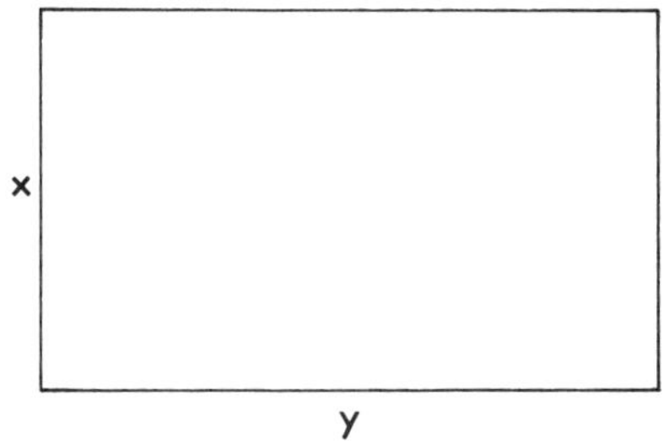

a) Stelle anhand der Zeichnung zwei Gleichungen für Umfang und Flächeninhalt in Abhängigkeit von x und y auf.

b) Löse eine der Gleichungen nach y auf und setze in die andere ein.

c) Löse die sich ergebende quadratische Gleichung und formuliere einen Antwortsatz. Bedenke, dass nur eine positive Lösung sinnvoll ist.

2

Ein Rechteck hat den Umfang $u = 44$ cm und den Flächeninhalt $A = 112\ \text{cm}^2$. Berechne die Längen seiner Seiten.

3

In dem Dreieck sei die Grundseite um 3 cm länger als die Höhe. Der Flächeninhalt betrage $A = 14\ \text{cm}^2$.
Wie lang sind c und h_c?

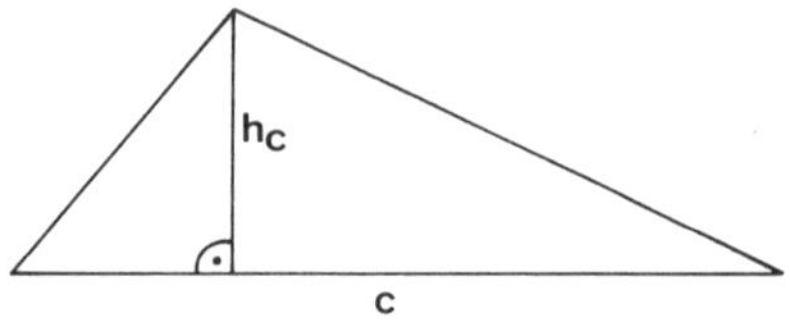

4

Das rechtwinklige Dreieck habe den Flächeninhalt $A = 24\ cm^2$. Die Kathete b sei um 2 cm kürzer als die Kathete c. Wie lang sind die Katheten?

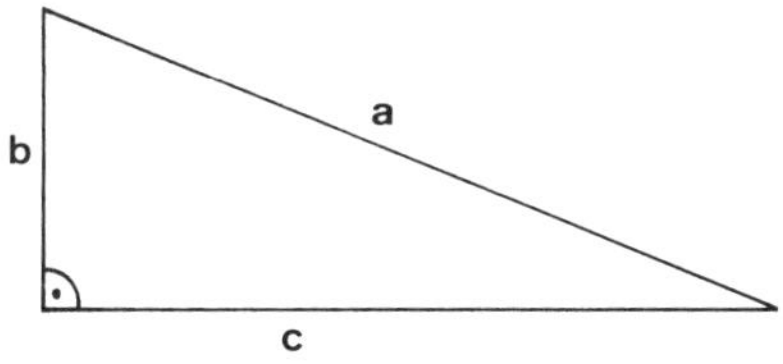

5

Der Flächeninhalt des Drachenvierecks betrage $A = 63\ cm^2$. Eine Diagonale sei 5 cm kürzer als die andere.
Wie lang sind die Diagonalen?

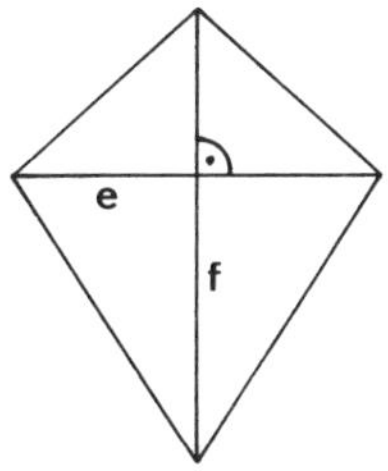

6

Eine $a = 12$ cm lange Strecke soll nach dem „goldenen Schnitt" geteilt werden. Dabei soll gelten

$$\frac{a}{x} = \frac{x}{a-x},$$

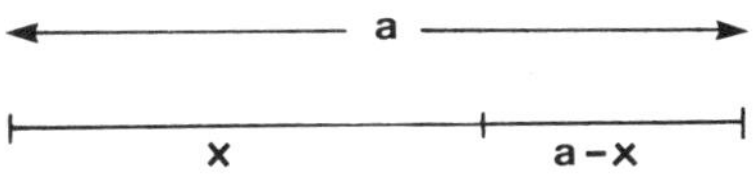

wobei x der längere Streckenabschnitt sei.
Berechne die Länge der beiden Streckenabschnitte.

7

Verlängert man zwei Seiten eines Rechtecks wie in der Abbildung um jeweils 3 cm, so verdoppelt sich der Flächeninhalt. Er beträgt dann $108\ cm^2$. Wie lang sind die Seiten der beiden Rechtecke?

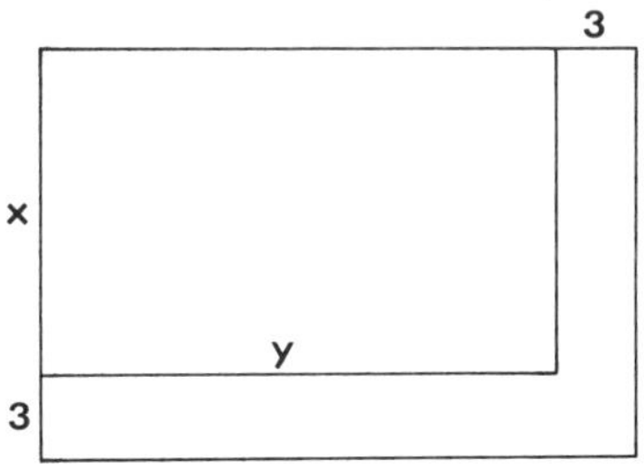

a) Stelle jeweils eine Gleichung für den Flächeninhalt der Rechtecke in Abhängigkeit von x und y auf.

b) Löse eine der Gleichungen nach y auf und setze sie in die andere ein.

c) Bestimme die Lösungen der sich ergebenden Gleichung.

d) Formuliere einen Antwortsatz.

8

Um ein Bild vom Format 30 cm mal 40 cm wird ein Rahmen gebaut, der überall die gleiche Breite besitzt. Der Flächeninhalt des Rahmens beträgt $800\ cm^2$. Wie breit ist er?

a) Stelle einen Term auf, der den gesamten Flächeninhalt des Bildes mit Rahmen beschreibt.

b) Es ist $A_{Rahmen} = A_{Gesamt} - A_{Bild}$.

Wie lautet die Gleichung in Abhängigkeit von x?

c) Löse die Gleichung und formuliere das Ergebnis.

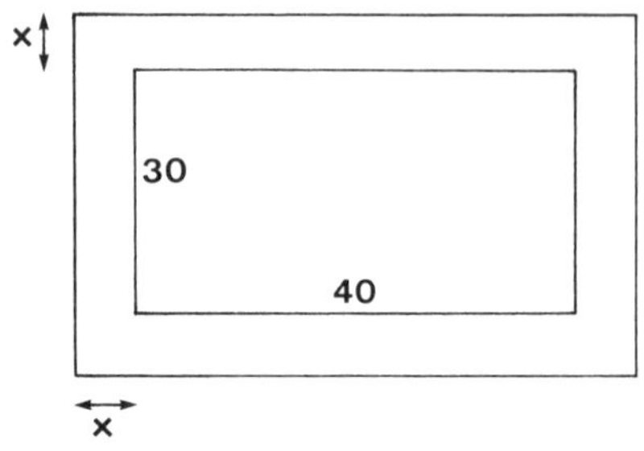

9

Von einem Rechteck mit a = 16 cm und b = 20 cm wird überall ein gleich breiter Streifen abgeschnitten. Der Flächeninhalt der abgeschnittenen Teile beträgt zusammen 68 cm^2.

a) Fertige eine Skizze an.

b) Berechne die Breite des Streifens und den Flächeninhalt des verbleibenden Rechtecks.

(*) 10

Berechne die Seitenlänge des Quadrats, dessen Flächeninhalt sich verdoppelt, wenn man seine Seiten um 1 cm vergrößert.
Gib auch einen auf eine Stelle nach dem Komma gerundeten Näherungswert an.

Die folgenden Aufgaben aus der Geometrie kannst du nur lösen, wenn du schon den Satz des Pythagoras kennst.

(*) 11

In dem Rechteck ist die Diagonale d = 26 cm lang. Eine Rechtecksseite ist 14 cm länger als die andere.

Berechne die Längen der beiden Seiten. Benutze den Satz des Pythagoras.

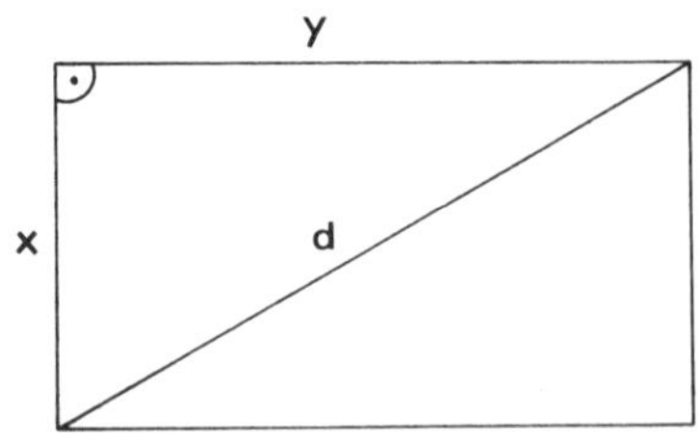

(*) 12

In einem rechtwinkligen Dreieck ist die Hypotenuse 65 cm lang. Die Länge der Katheten beträgt zusammen 91 cm.

Wie lang sind die Katheten?

(*) **13**

Die Raute hat eine Seitenlänge von 13 cm. Eine Diagonale ist 14 cm länger als die andere.
Wie lang sind die Diagonalen?

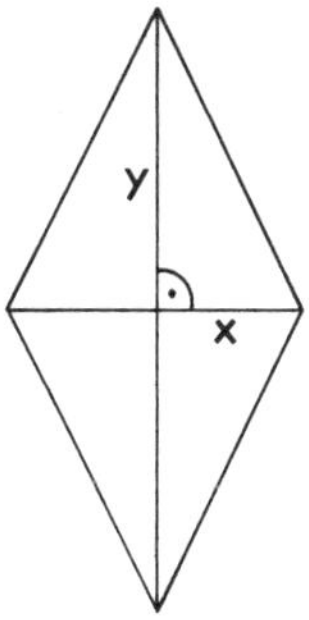

(*) Verschiedenes

1

Ein Gartenteich kannn durch zwei verschieden große Zuflussrohre gefüllt werden. Benutzt man zum Füllen allein das engere Rohr, so braucht man eine Stunde länger, als wenn man allein das weitere Rohr verwendet.
Der Teich ist schon nach 40 Minuten gefüllt, wenn beide Rohre gleichzeitig in Betrieb sind.
Welche Zeit benötigen die Rohre jeweils allein?

a) Wir bezeichnen die Zeit, in der das **weitere** Rohr den Teich **allein** füllt mit x Minuten. Wie lange benötigt dann das engere Rohr?

b) Wenn das weitere Rohr den ganzen Teich in x Minuten füllt, so füllt es in 1 Minute $\frac{1}{x}$ des Teiches. In 40 Minuten füllt es entsprechend $\frac{40}{x}$ des Teiches. Führe dieselbe Überlegung für das engere Rohr durch.

c) Ausgehend von der Tatsache, dass beide Rohre zusammen den Teich in 40 Minuten füllen, machen wir folgenden Ansatz:

$$\frac{40}{x} + \frac{40}{x+60} = 1$$

Der Anteil, den das weitere Rohr in 40 Minuten liefert, und der Anteil, den das engere Rohr in 40 Minuten liefert, ergeben zusammen den gesamten Inhalt (mit 1 bezeichnet) des Teichs.

d) Bestimme den Definitionsbereich der Bruchgleichung und löse sie.

e) Welche Lösung der Bruchgleichung kommt für die Lösung der Aufgabe nicht in Frage? Formuliere einen Antwortsatz.

2

Füllt man einen Behälter gleichzeitig über einen Schlauch und ein Rohr, so ist man nach 15 Minuten fertig. Mit dem Schlauch allein würde man jedoch 40 Minuten länger benötigen, als wenn nur das Rohr in Betrieb wäre.
In welcher Zeit füllen Schlauch bzw. Rohr den Behälter allein?

a) Bezeichne die Zeit, die das Rohr allein benötigt, mit x Minuten und schreibe auf, wie lange dann der Schlauch allein benötigt.

b) Gib Terme für den Anteil am Gesamtvolumen des Behälters an, den Rohr bzw. Schlauch in einer Minute füllen. Stelle entsprechende Terme für 15 Minuten auf.

c) Finde eine Bruchgleichung, die ausdrückt, dass die Mengen, die Rohr und Schlauch in 15 Minuten erzielen, zusammen den Behälter füllen.

d) Löse die Bruchgleichung. (Definitionsbereich aufstellen!)

e) Überlege, welche Lösung der Bruchgleichung nicht sinnvoll ist und formuliere einen Antwortsatz.

3

An den Blättern eines Kohlkopfes fressen zwei Kohlweißlingsraupen. Zusammen vertilgen sie die Blätter innerhalb von 8 Tagen. Die jüngere Raupe würde 12 Tage länger als die ältere benötigen, wenn sie den Kohl allein fressen könnte.
Wie viele Tage würde jede Raupe allein benötigen?

4

In einem Betrieb werden Kleinteile hergestellt. Die beiden Maschinen benötigen für eine gewisse Menge zusammen 6 Stunden. Allein würde die ältere Maschine 5 Stunden länger als die neuere benötigen.
In welcher Zeit können die einzelnen Maschinen den Auftrag erledigen?

5

Zwei Flugzeuge fliegen die 480 km lange Strecke Düsseldorf–München. Das eine Flugzeug fliegt 24 km/h schneller als das andere und braucht daher 5 Minuten weniger Zeit.
Wie schnell fliegen beide Flugzeuge?

a) Wir bezeichnen die Geschwindigkeit des langsameren Flugzeugs mit x km/h. Wie lautet dann die Geschwindigkeit des schnelleren Flugzeugs?

b) Um auszudrücken, welche Zeit das langsamere Flugzeug für eine 480 km lange Strecke bei einer Geschwindigkeit von x km/h benötigt, bilden wir $\frac{480}{x}$. Wie lautet der entsprechende Term für das schnellere Flugzeug?

c) Subtrahiert man die Zeit, die das schnellere Flugzeug für die 480 km benötigt, von der Zeit des langsameren Flugzeugs, so sind dies 5 Minuten oder $\frac{1}{12}$ Stunden.

Das kann man mit der folgenden Gleichung ausdrücken:

$$\frac{480}{x} - \frac{480}{x+24} = \frac{1}{12}$$

d) Bestimme den Definitionsbereich und die Lösungen der Bruchgleichung. Welche Lösung ist für die Aufgabe nicht sinnvoll?

e) Formuliere einen Antwortsatz.

6

Zwei Wanderer brechen zu einer 18 km langen Wanderung auf. Da der eine Wanderer pro Stunde einen Kilometer mehr geht als der andere, ist er 36 Minuten eher am Ziel. Wie schnell gehen beide?

a) Wie groß ist die Geschwindigkeit des schnelleren Wanderers, wenn wir die des langsameren mit x bezeichnen?

b) Gib jeweils einen Term an, der ausdrückt, welche Zeit jeder Wanderer für die 18 km benötigt. Berücksichtige dabei seine Geschwindigkeit.

c) Stelle eine Gleichung auf, in der der Zeitunterschied von 36 Minuten als Differenz der Zeit des langsameren Wanderers und der des schnelleren Wanderers ausgedrückt wird.

d) Bestimme Definitionsbereich und Lösungen der Gleichung. Entscheide, welche der beiden Lösungen nur einen Sinn ergibt.

e) Formuliere einen Antwortsatz.

7

Zwei Autofahrer befahren eine 120 km lange Teststrecke mit konstanter Geschwindigkeit. Der eine Fahrer fährt immer 20 km/h schneller als der andere und ist dafür 30 Minuten eher am Ziel.
Wie schnell fahren beide?

8

Zehn Jahre nach dem Abitur treffen sich die ehemaligen Schüler wieder. Jeder gibt dabei jedem genau einmal die Hand. Auf diese Weise kommt es zu 378 Begrüßungen.
Wie viele ehemalige Schüler sind es?

a) Mache dir an Beispielen klar, dass es bei x Schülern zu $\frac{x \cdot (x-1)}{2}$ Begrüßungen kommt. Wähle z. B. $x=3$ und $x=4$.

b) Löse die Gleichung $378 = \frac{x \cdot (x-1)}{2}$.

c) Überlege, welche der Lösungen für die Aufgabe sinnvoll ist. Formuliere einen Antwortsatz.

9

Bei einem Fußballturnier spielt jede Mannschaft genau einmal gegen jede der anderen. Es kommt zu 28 Spielen.
Wie viele Mannschaften nehmen teil?

10

Auf einer Silvesterparty klingen 153 mal die Sektgläser. Jeder anwesende Gast hat genau einmal mit jedem anderen angestoßen.
Wie viele Gäste sind auf der Feier?

Test

1

Bestimme graphisch die Lösungen der quadratischen Gleichungen:

a) $\frac{1}{2}x^2-2x+3=0$ **b)** $2x^2-2x-4=0$

Verwende jeweils die günstigere Methode.

2

Bestimme die Lösungsmenge der Bruchgleichung

$5-\frac{x+6}{x+3}=\frac{x+3}{x+1}$.

3

Löse die Wurzelgleichung $\sqrt{2x+3}-1=\sqrt{4x-8}$.

4

Multipliziert man eine Zahl mit der um 7 größeren, so erhält man 60.
Wie lautet die Zahl?

(*) 5

Füllt man einen Behälter gleichzeitig durch ein Rohr und einen Schlauch, so benötigt man 16 Minuten. Mit dem Schlauch allein würde man 24 Minuten länger benötigen, als wenn nur das Rohr in Betrieb wäre.
In welcher Zeit füllen Schlauch oder Rohr den Behälter allein?